水利水电工程施工技术探索

王静斋　周　磊　赵丽娟 ◎ 著

吉林科学技术出版社

图书在版编目（CIP）数据

水利水电工程施工技术探索 / 王静斋，周磊，赵丽娟著 . -- 长春 : 吉林科学技术出版社 , 2024. 8.
ISBN 978-7-5744-1770-0

Ⅰ . TV5

中国国家版本馆 CIP 数据核字第 2024ZL1894 号

水利水电工程施工技术探索

著	王静斋　周　磊　赵丽娟
出 版 人	宛　霞
责任编辑	孔彩虹
封面设计	金熙腾达
制　版	金熙腾达
幅面尺寸	170mm×240mm
开　本	16
字　数	237 千字
印　张	15.25
印　数	1~1500 册
版　次	2024年8月第1版
印　次	2024年12月第1次印刷

出　版	吉林科学技术出版社
发　行	吉林科学技术出版社
地　址	长春市福祉大路5788 号出版大厦A 座
邮　编	130118

发行部电话/传真　0431-81629529 81629530 81629531
　　　　　　　　　81629532 81629533 81629534
储运部电话　0431-86059116
编辑部电话　0431-81629510
印　刷　三河市嵩川印刷有限公司

书　号　ISBN 978-7-5744-1770-0
定　价　92.00元

前　言

在当今世界，水利水电工程作为一项重要的基础设施，对于保障国家的能源安全、促进经济发展、改善民生具有举足轻重的作用。随着科技的不断进步和工程实践的深入，水利水电工程施工技术也在不断发展和创新。本书正是在这样的背景下应运而生，旨在为工程技术人员、研究人员，以及相关专业的学生提供一个全面、系统的学习和参考平台。

本书从水利水电工程施工的基础理论出发，系统地介绍了施工导流技术、地基处理工程施工技术、爆破工程施工技术及混凝土坝工程施工技术。这些技术是水利水电工程施工中的关键环节，对于确保工程质量和安全至关重要。本书不仅提供了丰富的理论知识，还结合实际工程案例，详细阐述了各种技术的应用方法和操作细节。除了上述核心技术外，本书还对土石坝施工技术进行了介绍。土石坝作为一种常见的水利工程结构，其施工技术同样重要。书中对土石坝的施工基础、土石方开挖与土料压实、碾压式土石坝施工及面板堆石坝施工等进行了详细的阐述，为读者提供了全面的技术指导。

在水利水电工程施工安全管理方面，本书同样给予了足够的重视。安全管理是确保工程顺利进行的前提，书中对水利工程安全管理的概述、施工安全控制与安全应急预案、安全健康管理体系与安全事故处理等方面进行了深入的分析和研究，旨在提高工程安全管理水平，降低安全风险。

我们期待本书能够成为水利水电工程施工领域的一份宝贵资料，为相关专业人员提供指导和帮助，共同推动水利水电工程事业的繁荣发展。本书在写作过程中，参考借鉴了一些专家、学者的研究成果，并得到了各方的帮助和支持，在此表示最诚挚的谢意。由于时间仓促，加之作者的知识水平有限，书中难免有疏漏、不足之处，希望广大读者不吝赐教。

目　录

第一章　水利水电工程施工综述

第一节　水利水电基础知识

一、水利枢纽知识

为了综合利用和开发水资源，常需要在河流适当地段集中修建几种不同类型和功能的水工建筑物，以控制水流，并便于协调运行和管理。这种由几种水工建筑物组成的综合体，称为水利枢纽。

（一）水利枢纽的分类

水利枢纽的规划、设计、施工和运行管理应尽量遵循综合利用水资源的原则。

水利枢纽的类型很多。为实现多种目标而兴建的水利枢纽，建成后能满足国民经济不同部门的需要，称为综合利用水利枢纽。以某一单项目标为主而兴建的水利枢纽，常以主要目标命名，如防洪枢纽、水力发电枢纽、航运枢纽、取水枢纽等。在很多情况下水利枢纽是多目标的综合利用枢纽，如防洪-发电枢纽、防洪-发电-灌溉枢纽，发电-灌溉-航运枢纽等。按拦河坝的形式还可分为重力坝枢纽、拱坝枢纽、土石坝枢纽及水闸枢纽等。根据修建地点的地理条件不同，有山区、丘陵区水利枢纽和平原、滨海区水利枢纽之分。根据枢纽上下游水位差的不同，有高、中、低水头之分，世界各国对此无统一规定。我国一般水头70 m以上的是高水头枢纽，水头30～70 m的是中水头枢纽，水头为30 m以下的是低水头枢纽。

（二）水利枢纽工程基本建设程序及设计阶段划分

水利是国民经济的基础设施和基础产业。水利工程建设要严格按建设程序进行。根据《水利工程建设项目管理规定》和有关规定，水利工程建设程序一般分为项目建议书、可行性研究报告、初步设计、施工准备（包括招标设计）、建设实施、生产准备、竣工验收、后评价等阶段。建设前期根据国家总体规划及流域综合规划，开展前期工作，包括提出项目建议书、可行性研究报告和初步设计（或扩大初步设计）。水利工程建设项目的实施，必须通过基本建设程序立项。水利工程建设项目的立项过程包括项目建议书和可行性研究报告阶段。根据目前管理现状，项目建议书、可行性研究报告、初步设计由水行政主管部门或项目法人组织编制。

项目建议书应根据国民经济和社会发展长远规划、流域综合规划、区域综合规划、专业规划，按照国家产业政策和国家有关投资建设方针进行编制，是对拟进行工程项目的初步说明。项目建议书编制一般由政府委托有相应资质的设计单位承担，并按国家现行规定权限向主管部门申报审批。

可行性研究应对项目进行方案比较，对项目在技术上是否可行和经济上是否合理进行科学的分析和论证。经过批准的可行性研究报告，是项目决策和进行初步设计的依据。可行性研究报告由项目法人（或筹备机构）组织编制。可行性研究报告经批准后，不得随意修改和变更，在主要内容上有重要变动，应经原批准机关复审同意。

项目可行性报告批准后，应正式成立项目法人，并按项目法人责任制实行项目管理。

初步设计是根据批准的可行性研究报告和必要而准确的设计资料，对设计对象进行全面研究，阐明拟建工程在技术上的可行性和经济上的合理性，规定项目的各项基本技术参数，编制项目的总概算。初步设计任务应择优选择有相应资质的设计单位承担，依照有关初步设计编制规定进行编制。

建设项目初步设计文件已批准，项目投资来源基本落实，可以进行主体工程招标设计和组织招标工作及现场施工准备。项目的主体工程开工之前，必须完成各项施工准备工作，其主要内容包括以下方面：①施工现场的征地、拆迁；②完成施工用水、电、通信、路和场地平整等工程；③必需的生产、生活临时建筑工程；④组织招标设计、工程咨询、设备和物资采购等服务；⑤组织建设监理和主体工程招标投标，并择优选定建设监理单位和施工承包商。

建设实施阶段是指主体工程的建设实施，项目法人按照批准的建设文件，组织工程建设，保证项目建设目标的实现。项目法人或建设单位向主管部门提出主体工程开工申请报告，按审批权限，经批准后，方能正式开工。随着社会主义市场经济机制的建立，工程建设项目实行项目法人责任制后，主体工程开工，必须具备以下条件：①前期工程各阶段文件已按规定批准，施工详图设计可以满足初期主体工程施工需要；②建设项目已列入国家年度计划，年度建设资金已落实；③主体工程招标已经决标，工程承包合同已经签订，并得到主管部门同意；④现场施工准备和征地移民等建设外部条件能够满足主体工程开工需要。

生产准备应根据不同类型的工程要求确定，一般应包括如下内容：①生产组织准备，建立生产经营的管理机构及相应管理制度；②招收和培训人员；③生产技术准备；④生产的物资准备；⑤正常的生活福利设施准备。

竣工验收是工程完成建设目标的标志，是全面考核基本建设成果、检验设计和工程质量的重要步骤。竣工验收合格的项目即从基本建设转入生产或使用。

工程项目竣工投产后，一般经过1～2年生产营运后，要进行一次系统的项目后评价，主要内容包括：①影响评价——项目投产后对各方面的影响进行评价；②经济效益评价——对项目投资、国民经济效益、财务效益、技术进步和规模效益、可行性研究深度等进行评价；③过程评价——对项目的立项、设计施工、建设管理、竣工投产、生产营运等全过程进行评价。项目后评价一般按三个层次组织实施，即项目法人的自我评价、项目行业的评价、计划部门（或主要投资方）的评价。

设计工作应遵循分阶段、循序渐进、逐步深入的原则进行。以往大中型枢纽工程常按三个阶段进行设计，即可行性研究、初步设计和施工详图设计。对于工程规模大，技术上复杂而又缺乏设计经验的工程，经主管部门指定，可在初步设计和施工详图设计之间，增加技术设计阶段。为适应招标投标合同管理体制的需要，初步设计之后又有招标设计阶段。例如三峡工程设计包括可行性研究、初步设计、单项工程技术设计、招标设计和施工详图设计五个阶段。

（三）水利工程的影响

水利工程是防洪、除涝、灌溉、发电、供水、围垦、水土保持、移民、水资源保护等工程及其配套和附属工程的统称，是人类改造自然、利用自然的工程。修建水利工程是为了控制水流、防止洪涝灾害，并进行水量的调节和分配，从而满足人民生活和生产对水资源的需要。因此，大型水利工程往往显现出显著的社会效益和经济效益，带动地区经济发展，促进流域以至整个中国经济社会的全面可持续发展。

但是也必须注意到，水利工程的建设可能会破坏河流或河段及其周围地区在天然状态下的相对平衡。特别是具有高坝大库的河川水利枢纽的建成运行，对周围的自然和社会环境都将产生重大影响。

修建水利工程对生态环境的不利影响是：河流中筑坝建库后，上下游水文状态将发生变化，可能出现泥沙淤积、水库水质下降、淹没部分文物古迹和自然景观，还可能会改变库区及河流中下游水生生态系统的结构和功能，对一些鱼类和植物的生存和繁殖产生不利影响；水库的"沉沙池"作用，使坝下的水流成为"清水"，冲刷能力加大，由于水势和含沙量的变化，还可能改变下游河段的河水流向和冲积程度，造成河床被冲刷侵蚀，也可能影响到河势变化乃至河岸稳定；大面积的水库还会引起小气候的变化，库区蓄水后，水域面积扩大，水的蒸发量上升，因此会造成附近地区日夜温差缩小，改变库区的气候环境，例如可能增加雾天的出现频率；兴建水库可能会增加库区地质灾害发生的频率，例如兴建水库可能会诱发地震，增加库区及附近地区地震发生的频率；山区的水库由于两岸山体下部未来长期处于浸泡之中，发生山体滑坡、塌方和泥石流的频率可能会有所增加；深水库底孔下放的水，水温会较原天然状态有所变化，可能不如原来情况更适合农作物生长。此外，库水化学成分改变、营养物质浓集导致水的异味或缺氧等，也会给生物带来不利影响。

修建水利工程对生态环境的有利影响是：防洪工程可有效地控制上游洪水，提高河段甚至流域的防洪能力，从而有效地减免洪涝灾害带来的生态环境破坏；水力发电工程利用清洁的水能发电，与燃煤发电相比，可以少排放大量的二氧化碳、二氧化硫等有害气体，减轻因酸雨、温室效应等大气危害，以及燃煤开采、洗选、运输、废渣处理所导致的严重环境污染；能调节工程中下游的枯水期流量，有利于改善枯水期水质；有些水利工程可为调水工程提供水源条件；高坝大库的建设较天然河流大大增加了的水库面积与容积可以养鱼，对渔业有利；水库调蓄的水量增加了农作物灌溉的机会。

此外，由于水位上升使库区被淹没，需要进行移民，并且由于兴建水库导致库区的风景名胜和文物古迹被淹没，需要进行搬迁、复原等。在国际河流上兴建水利工程，等于重新分配了水资源，间接地影响了水库所在国家与下游国家的关系，还可能会造成外交上的影响。

上述这些水利工程在经济、社会、生态方面的影响，有利有弊，因此兴建水利工程，必须充分考虑其影响，精心研究，针对不利影响应采取有效的对策及措施，促进水利工程所在地区经济、社会和环境的协调发展。

二、水电站知识

水电站是将水能转换为电能的综合工程设施，又称水电厂。它包括为利用水能生产电能而兴建的一系列水电站建筑物及装设的各种水电站设备。利用这些建筑物集中天然水流的落差形成水头，汇集、调节天然水流的流量，并将它输向水轮机，经水轮机与发电机的联合运转，将集中的水能转换为电能，再经变压器、开关站和输电线路等将电能输入电网。

在通常情况下，水电站的水头是通过适当的工程措施，将分散在一定河段上的自然落差集中起来而构成的。就集中落差形成水头的措施而言，水能资源的开发方式可分为坝式、引水式和混合式三种基本方式。根据三种不同的开发方式，水电站也可分为坝式、引水式和混合式三种基本类型。

（一）坝式水电站

在河流峡谷处拦河筑坝、坝前壅水，形成水库，在坝址处形成集中落差，这种开发方式称为坝式开发。用坝集中落差的水电站称为坝式水电站。其特点为：坝式水电站的水头取决于坝高。坝越高，水电站的水头越大，但坝高往往受地形、地质、水库淹没、工程投资、技术水平等条件的限制，因此与其他开发方式相比，坝式水电站的水头相对较小。目前坝式水电站的最大水头不超过300 m。

拦河筑坝形成水库，可用来调节流量。坝式水电站的引用流量较大，电站的规模也大，水能利用比较充分。目前世界上装机容量超过2000 MW的巨型水电站大都是坝式水电站。此外坝式水电站水库的综合利用效益高，可同时满足防洪、发电、供水等兴利要求。

要求工程规模大，水库造成的淹没范围大，迁移人口多，因此坝式水电站的投资大，工期长。

坝式开发适用于河道坡降较缓，流量较大，有筑坝建库条件的河段。

坝式水电站按大坝和发电厂的相对位置的不同又可分为河床式、坝后式、闸墩式、坝内式、溢流式等。在实际工程中，较常用的坝式水电站是河床式和坝后式水电站。

1.河床式水电站

河床式水电站一般修建在河流中下游河道纵坡平缓的河段上，为避免大量淹没，坝建得较低，故水头较小。大中型河床式水电站水头一般为25 m以下，不超过40 m；中小型水电站水头一般为10 m以下。河床式电站的引用流量一般都较大，属于低水头大流量型水电站，其特点是：厂房与坝（或闸）一起建在河床上，厂房本身承受上游水压力，并成为挡水建筑物的一部分，一般不设专门的引水管道，水流直接从厂房上游进水口进入水轮机。我国湖北葛洲坝、浙江富春江、广西大化等水电站，均为河床式水电站。

2.坝后式水电站

坝后式水电站一般修建在河流中上游的山区峡谷地段，受水库淹没限制相对较小，所以坝可建得较高，水头也较大，在坝的上游形成了可调节天然径流的水库，有利于发挥防洪、灌溉、航运及水产等综合效益，并给水电站运行创造了十分有利的条件。由于水头较高，厂房不能承受上游过大水压力而建在坝后（坝下游）。其特点是：水电站厂房布置在坝后，厂坝之间常用缝分开，上游水压力全部由坝承受。三峡水电站、福建水口水电站等，均属坝后式水电站。

坝后式水电站厂房的布置形式很多，当厂房布置在坝体内时，称为坝内式水电站；当厂房布置在溢流坝段之后时，通常称为溢流式水电站。当水电站的拦河坝为土坝或堆石坝等当地材料坝时，水电站厂房可采用河岸式布置。

（二）引水式开发和引水式水电站

在河流坡降较陡的河段上游，通过人工建造的引入道（渠道、隧洞、管道等）引水到河段下游，集中落差，这种开发方式称为引水式开发。用引水道集中水头的水电站，称为引水式水电站。

引水式开发的特点是：由于引水道的坡降（一般取1/3000 ～ 1/1000）小于原河道的坡降，因而随着引水道的增长，逐渐集中水头；与坝式水电站相比，引水式水电站由于不存在淹没和筑坝技术上的限制，水头相对较高，目前最大水头已达2000 m以上；引水式水电站的引用流量较小，没有水库调节径流，水量利用率较低，综合利用价值较差，电站规模相对较小，工程量较小，单位造价较低。

引水式开发适用于河道坡降较陡且流量较小的山区河段。根据引水建筑物中的水流状态不同，可分为无压引水式水电站和有压引水式水电站。

1.无压引水式水电站

无压引水式水电站的主要特点是具有较长的无压引水水道，水电站引水建筑物中的水流是无压流。无压引水式水电站的主要建筑物有低坝、无压进水口、沉沙池、引水渠道（或无压隧洞）、日调节池、压力前池、溢水道、压力管道、厂房和尾水渠等。

2.有压引水式水电站

有压引水式水电站的主要特点是有较长的有压引水道，如有压隧洞或压力管道，引水建筑物中的水流是有压流。有压引水式水电站的主要建筑物有拦河坝、有压进水口、有压引水隧洞、调压室、压力管道、厂房和尾水渠等。

（三）混合式开发和混合式水电站

在一个河段上，同时采用筑坝和有压引水道共同集中落差的开发方式称为混合式开发。坝集中一部分落差后，再通过有压引水道集中坝后河段上另一部分落差，形成了电站的总水头。用坝和引水道集中水头的水电站称为混合式水电站。

混合式水电站适用于上游有良好坝址，适宜建库，而紧邻水库的下游河道突然变陡或河流有较大转弯的情况。这种水电站同时兼有坝式水电站和引水式水电站的双重优点。

混合式水电站和引水式水电站之间没有明确的分界线。严格说来，混合式水电站的水头是由坝和引水建筑物共同形成的，且坝一般构成水库。而引水式水电站的水头，只由引水建筑物形成，坝只起抬高上游水位的作用。但在实际工程中常将具有一定长度引水建筑物的混合式水电站统称为引水式水电站，而较少采用混合式水电站这个名称。

（四）抽水蓄能电站

随着国民经济的迅速发展及人民生活水平的不断提高，电力负荷和电网日益扩大，电力系统负荷的峰谷差越来越大。

在电力系统中，核电站和火电站不能适应电力系统负荷的急剧变化，且受到技术最小出力的限制，调峰能力有限，而且火电机组调峰煤耗多，运行维护费用高。而水电站启动与停机迅速，运行灵活，适宜担任调峰、调频和事故备用负荷。

抽水蓄能电站不是为了开发水能资源向系统提供电能，而是以水体为储能介质，起调节作用。抽水蓄能电站包括抽水蓄能和放水发电两个过程，它有上下两个水库，用引水建筑物相连，蓄能电站厂房建在下水库处。在系统负荷低谷时，利用系统多余的电能带动泵站机组（电动机＋水泵）将下库的水抽到上库，以水的势能形式储存起来；当系统负荷高峰时，将上库的水放下来推动水轮发电机组（水轮机＋发电机）发电，以补充系统中电能的不足。

随着电力行业的改革，实行负荷高峰高电价、负荷低谷低电价后，抽水蓄能电站的经济效益将是显著的。抽水蓄能电站除了产生调峰填谷的静态效益外，还由于其特有的灵活性而产生动态效益，包括同步备用、调频、负荷调整、满足系统负荷急剧爬坡的需要、同步调相运行等。

（五）潮汐水电站

海洋水面在太阳和月球引力的作用下，发生一种周期性涨落的现象，称为潮汐。从涨潮到涨潮（或落潮到落潮）之间间隔的时间，即潮汐运动的周期（亦称潮期），约为 12 h 25 min。在一个潮汐周期内，相邻高潮位与低潮位间的差值，称为潮差，其大小受引潮力、地形和其他条件的影响因时因地而异，一般为数米。有了这样的潮差，就可以在沿海的港湾或河口建坝，构成水库，利用潮差所形成的水头来发电，这就是潮汐能的开发。

利用潮汐能发电的水电站称为潮汐水电站。潮汐电站多修建于海湾。其工作原理是修建海堤，将海湾与海洋隔开，并设泄水闸和电站厂房，然后利用潮汐涨落时海水位的升降，使海水流经水轮机，通过水轮机的转动带动发电机组发电。涨潮时外海水位高于内库水位，形成水头，这时引海水入湾发电；退潮时外海水位下降，低于内库水位，可放库中的水入海发电。海潮昼夜涨落两次，因此海湾每昼夜充水和放水也是两次。潮汐水电站可利用的水头为潮差的一部分，水头较小，但引用的海水流量可以很大，是一种低水头大流量的水电站。

潮汐能与一般水能资源不同，是取之不尽、用之不竭的。潮差较稳定，且不存在枯水年与丰水年的差别，因此潮汐能的年发电量稳定，但由于发电的开发成本较高和技术上的原因，所以发展较慢。

（六）无调节水电站和有调节水电站

水电站除按开发方式进行分类外，还可以按其是否有调节天然径流的能力而分为无调节水电站和有调节水电站两种类型。

无调节水电站没有水库，或虽有水库却不能用来调节天然径流。当天然流量小于电站能够引用的最大流量时，电站的引用流量就等于或小于该时刻的天然流量；当天然流量超过电站能够引用的最大流量时，电站最多也只能利用它所能引用的最大流量，超出的那部分天然流量只好弃水。

凡是具有水库，能在一定限度内按照负荷的需要对天然径流进行调节的水电站，统称为有调节水电站。根据调节周期的长短，有调节水电站又可分为日调节水电站、年调节水电站及多年调节水电站等，视水库的调节库容与河流多年平均年径流量的比值（称为库容系数）而定。无调节和日调节水电站又称径流式水电站。具有比日调节能力大的水库的水电站又称蓄水式水电站。

在前述的水电站中，坝后式水电站和混合式水电站一般都是有调节的；河床式水电站和引水式水电站则常是无调节的，或者只具有较小的调节能力，例如日调节。

三、泵站知识

（一）泵站的主要建筑物

1.进水建筑物

包括引水渠道、前池、进水池等。其主要作用是衔接水源地与泵房，其形体应有利于改善水泵进水流态，减少水力损失，为主泵创造良好的引水条件。

2.出水建筑物

有出水池和压力水箱两种主要形式。出水池是连接压力管道和灌排干渠的衔接建筑物，起消能稳流作用。压力水箱是连接压力管道和压力涵管的衔接建筑物，起消能稳流作用。压力水箱是连接压力管道和压力涵管的衔接建筑物，起汇流排水的作用，这种结构形式适用于排水泵站。

3.泵房

安装水泵、动力机和辅助设备的建筑物，是泵站的主体工程，其主要作用是为主机组和运行人员提供良好的工作条件。泵房结构形式的确定主要根据主机组结构性能、水源水位变幅、地基条件及枢纽布置，通过技术经济比较，择优选定。泵房结构形式较多，常用的有固定式和移动式两种，下面分别介绍。

（二）泵房的结构形式

1.固定式泵房

固定式泵房按基础形式的特点又可分为分基型、干室型、湿室型和块基型四种。

（1）分基型泵房

泵房基础与水泵机组基础分开建筑的泵房。这种泵房的地面高于进水池的最高水位，通风、采光和防潮条件都比较好，施工容易，是中小型泵站最常采用的结构形式。

分基型泵房适用于安装卧式机组，且水源的水位变化幅度小于水泵的有效吸程，以保证机组不被淹没的情况。要求水源岸边比较稳定，地质和水文条件都比较好。

（2）干室型泵房

泵房及其底部均用钢筋混凝土浇筑成封闭的整体，在泵房下部形成一个无水的地下室。这种结构形式比分基型复杂，造价高，但可以防止高水位时，水通过泵房四周和底部渗入。

干室型泵房不论是卧式机组还是立式机组都可以采用，其平面形状有矩形和圆形两种，其立面上的布置可以是一层的或者多层的，视需要而定。这种形式的泵房适用于以下场合：水源的水位变幅大于泵的有效吸程；采用分基型泵房在技术和经济上不合理；地基承载能力较低和地下水位较高。设计中要校核其整体稳定性和地基应力。

（3）湿室型泵房

其下部有一个与前池相通并充满水的地下室的泵房。一般分两层，下层是湿室，上层安装水泵的动力机和配电设备，水泵的吸水管或者泵体淹没在湿室的水面以下。湿室可以起着进水池的作用，湿室中的水体重量可平衡一部分地下水的浮托力，湿室中的水体重量可平衡一部分地下水的浮托力，增强了泵房的稳定性。口径 1 m 以下的立式或者卧式轴流泵及立式离心泵都可以采用湿室型泵房。这种泵房一般都建在软弱地基上，因此对其整体稳定性应予以足够的重视。

（4）块基型泵房

用钢筋混凝土把水泵的进水流道与泵房的底板浇成一块整体，并作为泵房的基础的泵房。安装立式机组的这种泵房立面上按照从高到低的顺序可分为电机层、连轴层、水泵层和进水流道层。水泵层以上的空间相当于干室型泵房的干室，可安装主机组、电气设备、辅助设备和管道等；水泵层以下进水流道和排水廊道，相当于湿室型泵房的进水池。进水流道设计成钟形或者弯肘形，以改善水泵的进水条件。从结构上看，块基型泵房是干室型和湿室型泵房的发展。由于这种泵房结构的整体性好，自身的重量大、抗浮和抗滑稳定性较好，它适用于以下情况：口径大于 1.2 m 的大型水泵；需要泵房直接抵挡外河水压力；适用于各种地基条件。根据水力设计和设备布置确定这种泵房的尺寸之后，还要校核其抗渗、抗滑和地基承载能力，确保在各种外力作用下，泵房不产生滑动倾倒和过大的不均匀沉降。

2.移动式泵房

在水源的水位变化幅度较大，建固定式泵站投资大、工期长、施工困难的地方，应优先考虑建移动式泵站。移动式泵房具有较大的灵活性和适应性，没有复杂的水下建筑结构，但其运行管理比固定式泵站复杂。这种泵房可以分为泵船和泵车两种。

承载水泵机组及其控制设备的泵船可以用木材、钢材或钢丝网水泥制造。木制泵船的优点是一次性投资少、施工快，基本不受地域限制；缺点是强度低、易腐烂、防火效果差、使用期短、养护费高，且消耗木材多。钢船强度高，使用年限长，维护保养好的钢船使用寿命可达几十年，它没有木船的缺点；但建造费用较高，使用钢材较多。钢丝网水泥船具有强度高、耐久性好、节省钢材和木材、造船施工技术相对简单、维修费用少、重心低、稳定性好、使用年限长等优点。

根据设备在船上的布置方式，泵船可以分为两种形式：将水泵机组安装在船甲板上面的上承式和将水泵机组安装在船舱底骨架上的下承式。泵船的尺寸和船身形状根据最大排水量条件确定，设计方法和原则应按内河航运船舶的设计规定进行。

选择泵船的取水位置应注意以下几点：河面较宽，水足够深，水流较平稳；洪水期不会漫坡，枯水期不出现浅滩；河岸稳定，岸边有合适的坡度；在通航和放筏的河道中，泵船与主河道有足够的距离防止撞船；应避开大回流区，以免漂浮物聚集在进水口，影响取水；泵船附近有平坦的河岸，作为泵船检修的场地。

泵车是将水泵机组安装在河岸边轨道上的车子内，根据水位涨落，靠绞车沿轨道升降小车改变水泵的工作高程的提水装置。其优点是不受河道内水流的冲击和风浪运动的影响，稳定性较泵船好，缺点是受绞车工作容量的限制，泵车不能做得太大，因而其抽水量较小。其使用条件如下：水源的水位变化幅度为10 ~ 35 m，涨落速度不大于2 m/h；河岸比较稳定，岸坡地质条件较好，且有适宜的倾角，一般以10° ~ 30°为宜；河流漂浮物少，没有浮冰，不易受漂木、浮筏、船只的撞击；河段顺直，靠近主流；单车流量在1 m^3/s以下。

（三）泵房的基础

基础是泵房的地下部分，其功能是将泵房的自重、房顶屋盖面积、积雪重量、泵房内设备重量及其荷载和人的重量等传给地基。基础和地基必须具备足够的强度和稳定性，以防止泵房或设备因沉降过大或不均匀沉降而引起厂房开裂和倾斜，设备不能正常运转。

基础的强度和稳定性既取决于其形状和选用的材料，又依赖于地基的性质，而地基的性质和承载能力必须通过工程地质勘测加以确定。设计泵房时，应综合考虑荷载的大小、结构形式、地基和基础的特性，选择经济可靠的方案。

1.基础的埋置深度

基础的底面应该设置在承载能力较大的老土层上，填土层太厚时，可通过打桩、换土等措施加强地基承载能力。基础的底面应该在冰冻线以下，以防止水的结冰和融化。在地下水位较高的地区，基础的底面要设在最低地下水位以下，以避免因地下水位的上升和下降而增加泵房的沉降量和引起不均匀沉陷。

2.基础的形式和结构

基础的形式和大小取决于其上部的荷载和地基的性质，须通过计算确定。泵房常用的基础有以下四种：

（1）砖基础

用于荷载不大、基础宽度较小、土质较好及地下水位较低的地基上，分基型泵房多采用这种基础。由墙和大方脚组成，一般砌成台阶形，由于埋在土中比较潮湿，须采用不低于75号的黏土砖和不低于50号的水泥砂浆砌筑。

（2）灰土基础

当基础宽度和埋深较大时，采用这种型式，以节省大方脚用砖。这种基础不宜做在地下水较低和潮湿的土中。由砖基础、大方脚和灰土垫层组成。

（3）混凝土基础

适合于地下水位较高，泵房荷载较大的情况。可以根据需要做成任何形式，其总高度小于0.35 m时，截面长做成矩形；总高度为0.35～1.0 m时，用踏步形；基础宽度大于2.0 m，高度大于1.0 m时，如果施工方便常做成梯形。

（4）钢筋混凝土基础

适用于泵房荷载较大，而地基承载力又较差和采用以上基础不经济的情况。由于这种基础底面有钢筋，抗拉强度较高，故其高宽比较前述基础小。

第二节　水利水电工程施工组织设计

一、水利水电工程施工组织设计概述

水利水电工程建设是国家基本建设的一个组成部分，组织工程施工是实现水利水电建设的重要环节。工程项目的施工是一项多工种、多专业的复杂的系统工程，要使施工全过程顺利进行，以期达到预定的目标，就必须用科学的方法进行施工管理。

施工组织设计是研究施工条件、选择施工方案、对工程施工全过程实施组织和管理的指导性文件，是编制工程投资估算、设计概算和招标投标文件的主要依据。施工组织设计主要是指设计前期阶段的施工组织设计，可进一步分为河流规划阶段的施工组织设计、可行性研究阶段施工组织设计、初步设计阶段施工组织设计。

施工组织设计所采用的设计方案，必然联系到施工方法和施工组织，不同的施工组织所涉及的施工方案是不一样的，所需投资也不一样。所以说施工组织设计是方案比选的基础，是控制投资的一种必需手段，它是整个项目的全面规划，涉及范围是整个项目，内容比较概括。

二、施工组织设计的分类

施工组织设计是一个总的概念，不同环节由于工作深度和资料条件的限制，所研究的施工问题的内容详略和侧重点虽不尽相同，但研究的范围大同小异。根据工程项目的编制阶段、编制对象或范围的不同，施工组织设计在编制的深度和广度上也有所不同。

（一）按工程项目设计的阶段分类

根据工程项目设计阶段和作用的不同，工程施工组织设计可以分为可行性研究阶段施工组织设计、初步设计阶段施工组织设计、招投标阶段施工组织设计、施工阶段施工组织设计四类。

1.可行性研究阶段施工组织设计

该阶段要全面分析工程建设条件，初选施工导流方式、导流建筑物的形式与布置；初选主体工程的主要施工方法、施工总布置；基本选定施工场地内外交通运输方案及布置，估算施工占地、库区淹没面积、移民情况，提出控制工期和分期实施方案，估算主要建材和劳动力用量。

可行性研究阶段的施工组织设计，主要从施工条件的角度对工程建设的可行性进行论证。

2.初步设计阶段施工组织设计

该阶段主要是选定施工导流方案，说明主要建筑物施工方法及设备，选定施工总布置、总进度及对外交通方案，提出主要建材的需要量及来源，编制设计概算。

该阶段主要论证施工技术上的可行性和经济的合理性。该阶段编制的工程概算可作为控制基建投资、基建计划、招标标底、造价评估和验核工程经济合理性的重要依据。

3.招投标阶段施工组织设计

该阶段是参加投标的单位从各自的角度，在初步设计阶段施工组织设计基础上，通过市场调查和施工现场勘察，取得更为翔实的资料，分析施工条件，进一步优化施工方案、施工方法，提出质量、工期、施工布置等方面的要求，并据此对工程投资和造价做出合理的设计。

4.施工阶段施工组织设计

施工阶段的施工组织设计，是指施工企业进行工序分析、确定关键工作及关键线路，优化施工工艺流程。该阶段的施工组织设计主要以单位（分部、分项）工程为对象，编制施工措施计划，从技术组织措施上落实施工组织设计要求，保障计划中各项活动的实施。

该阶段的施工组织设计也称为施工措施计划。

（二）按工程项目设计的对象分类

按照基本建设程序，一般在工程设计阶段要编制施工组织总设计，相对比较宏观、概括和粗略，对工程施工起指导作用，可操作性差；在工程项目招标或施工阶段要编制单位工程施工组织设计或分部（分项）工程施工组织设计，编制对象具体，内容也比较翔实，具有实施性，可以作为落实施工措施的依据。

按工程项目编制的对象分类，可以分为施工组织总设计、单位工程施工组织设计及分部（分项）施工组织设计。

1.施工组织总设计

施工组织总设计是指以整个水利水电枢纽工程为编制对象，用以指导整个工程项目施工全过程的各项施工活动的综合性技术经济文件。它根据国家政策和上级主管部门的指示，分析研究枢纽工程建筑物的特点、施工特性及其施工条件，制定出符合工程实际的施工总体布置、施工总进度计划、施工组织和劳动力、材料、机械设备等技术供应计划，从而确定建设总工期、各单位工程项目开展的顺序及工期、主要工程的施工方案、各种物资的供需计划、全工地暂设工程及准备工作的总体布置、施工现场的布置等工作，用以指导施工。同时施工组织总设计也是施工单位编制年度施工计划和单位工程项目施工组织设计的依据。

2.单位工程施工组织设计

单位工程施工组织设计是指以一个单位工程（一个建筑物或构筑物）为编制对象，用以指导其施工全过程的各项施工活动的指导性文件，它是施工单位年度施工计划和施工组织总设计的具体化，也是施工单位编制作业计划和制订季、月、旬施工计划的依据。

单位工程施工组织设计一般在施工图设计完成后，根据工程规模、技术复杂程度的不同，其编制内容深度和广度亦有所不同。对于简单单位工程，施工组织设计一般只编制施工方案并附以施工进度计划和施工平面图。该阶段施工组织设计在拟建工程开工之前，由工程项目的技术负责人编制。

3.分部（分项）工程施工组织设计

分部（分项）工程施工组织设计也称为分部（分项）工程施工作业设计。它是指以分部（分项）工程为编制对象，用以具体实施其分部（分项）工程施工全过程的各项施工活动的技术、经济和组织的实施性文件。一般在单位工程施工组织设计确定施工方案后，由施工队（组）技术人员负责编制，其内容具体、详细、可操作性强，是直接指导分部（分项）工程施工的依据。

施工组织总设计、单位工程施工组织设计和分部（分项）工程施工组织设计，是同一工程项目不同广度、深度和作用的三个层次。

三、施工组织设计的内容

可行性研究阶段施工组织设计、初步设计阶段施工组织设计、施工招标阶段的施工组织设计、施工阶段的施工组织设计四阶段施工组织设计中，由于初步设计阶段施工组织的内容要求最为全面、各专业之间的设计联系最为密切，因此下面着重说明初步设计阶段的编制步骤和主要内容。

（一）施工组织设计的编制步骤

1.根据枢纽布置方案，分析研究坝址施工条件，进行导流设计和施工总进度的安排，编制出控制性进度表。

2.提出控制性进度之后，各专业根据该进度提供的指标进行设计，并为下一道工序提供相关资料。单项工程进度是施工总进度的组成部分，与施工总进度之间是局部与整体的关系，其进度安排不能脱离总进度的指导，同时它又能检验编制施工总进度是否合理可行，从而为调整、完善施工总进度提供依据。

3.施工总进度优化后，计算提出分年度的劳动力需要量、最高人数和总劳动力量，计算主要建材材料总量及分年度供应量、主要施工机械设备需要总量及分年度供应数量。

4.进行施工方案设计和比选。施工方案是指选择施工方法、施工机械、工艺流程、施工工艺、划分施工段。在编制施工组织设计时，需要经过比选才能确定最终的施工方案。

5.进行施工布置。对施工现场进行分区设置，确定生产、生活设施，交通线路的布置。

6.提出技术供应计划。技术供应计划是指人员、材料、机械等施工资料的供应计划。

7.对上述各阶段的成果编制说明书。

（二）施工组织设计的主要内容

总体说来，施工组织总设计主要包括施工总进度、施工总体布置、施工方案、技术供应四部分。

施工总进度主要研究合理的施工期限和在既定条件下确定主体工程施工分期及施工程序，在施工安排上使各施工环节协调一致。

施工总体布置根据选定的施工总进度，研究施工区的空间组织问题，它是施工总进度的重要保证。施工总进度决定施工总体布置的内容和规模，施工总体布置的规模，影响准备工程工期的长短和主体工程施工进度。因此施工总体布置在一定条件下又起到验证施工总进度合理性的作用。

在拟定施工总进度的前提下选定施工方案，将施工方案在总体上布置合理，施工方案的合理与否，将影响工程受益时间和工程总工期。

技术供应的总量及分年度供应量，由既定的总进度和总体布置确定，而技术供应的现实性与可靠性是实现总进度、总体布置的物质保证，从而验证二者的合理性。

具体说来，施工组织文件的主要内容一般包括施工条件分析、施工导流、施工主体工程、施工总进度、施工交通运输、施工工厂设施、施工总布置、主要技术供应等内容。

1.施工条件分析

施工条件包括工程条件、自然条件、物质资源供应条件及社会经济条件等，主要有以下五方面：

（1）工程所在地点，对外交通运输，枢纽建筑物及其特征；

（2）地形、地质、水文、气象条件，主要建筑材料来源和供应条件；

（3）当地水源、电源情况，施工期间通航、过木、过鱼、供水、环保等要求；

（4）对工期、分期投产的要求；

（5）施工用地、居民安置及与工程施工有关的协作条件等。

2.施工导流设计

施工导流设计应在综合分析导流条件的基础上，确定导流标准，划分导流时段，明确施工分期，选择导流方案、导流方式和导流建筑物，进行导流建筑物的设计，提出导流建筑物的施工安排，拟定截流、度汛、拦洪、排冰、通航、过木、下闸封堵、供水、蓄水、发电等措施。

施工导流是水利水电枢纽总体设计的重要组成部分，设计中应依据工程设计标准充分掌握基本资料，全面分析各种因素，做好方案比较，从中选择符合临时工程标准的最优方案，使工程建设达到缩短工期、节省投资的目的。施工导流贯穿施工全过程，导流设计要妥善解决从初期导流到后期导流（包括围堰挡水、坝体临时挡水、封堵导流泄水建筑物和水库蓄水）施工全过程的挡、泄水问题。各期导流特点和相互关系宜进行系统分析，全面规划，统筹安排，运用风险度分析的方法，处理洪水与施工的矛盾，务求导流方案经济合理、安全可靠。

导流泄水建筑物的泄水能力要通过水力计算，以确定断面尺寸和围堰高度，相关的技术问题通常还要通过水工模型试验分析验证。导流建筑物能与永久建筑物结合的应尽可能结合。导流底孔布置与水工建筑物关系密切，有时为考虑导流需要，选择永久泄水建筑物的断面尺寸、布置高程时，须结合研究导流要求，以获得经济合理的方案。

大、中型水利水电枢纽工程一般均优先研究分期导流的可能性和合理性。因枢纽工程量大，工期较长，分期导流有利于提前受益，且对施工期通航影响较小。对于山区性河流，洪枯水位变幅大，可采取过水围堰配合其他泄水建筑物的导流方式。

围堰形式的选择要安全可靠，结构简单，并能够充分利用当地材料。

截流是大中型水利水电工程施工中的重要环节。设计方案必须稳妥可靠，保证截流成功。选择截流方式应充分分析水力学参数、施工条件和施工难度、抛投物数量和性质，并进行技术经济比较。

3.施工主体工程

主体工程包括挡水、泄水、引水、发电、通航等主要建筑物建设工程，应根据各自的施工条件，对施工程序、施工方法、施工强度、施工布置、施工进度和施工机械等问题，进行分析比较和选择。

研究主体工程施工是为正确选择水工枢纽布置和建筑物形式，保证工程质量与施工安全，论证施工总进度的合理性和可行性，并为编制工程概算提供资料。其主要内容有以下方面：

（1）确定主要单项工程施工方案及其施工程序、施工方法、施工布置和施工工艺；

（2）根据总进度要求，安排主要单项工程施工进度及相应的施工强度；

（3）计算所需的主要材料、劳动力数量，编制需用计划；

（4）确定所需的大型施工辅助企业规模、形式和布置；

（5）协同施工总布置和总进度，平衡整个工程的土石方、施工强度、材料、设备和劳动力。

4.施工总进度

编制施工总进度时，应根据国民经济发展需要，采取积极有效的措施满足主管部门或业主对施工总工期提出的要求；应综合反映工程建设各阶段的主要施工项目及其进度安排，并充分体现总工期的目标要求。

（1）分析工程规模、导流程序、对外交通、资源供应、临建准备等各项控制因素，拟定整个工程施工总进度。

（2）确定项目的起讫日期和相互之间的衔接关系。

（3）对导流截流、拦洪度汛、封孔蓄水、供水发电等控制环节，工程应达到的进展，须做出专门的论证。

（4）对土石方、混凝土等主要工程的施工强度，和对劳动力、主要建筑材料、主要机械设备的需用量综合平衡。

（5）分析工期和费用关系，提出合理工期的推荐意见。

施工总进度的表示形式可根据工程情况绘制横道图和网络图。横道图具有简单、直观等优点；网络图可从大量工程项目中标出控制总工期的关键路线，便于反馈、优化。

5.施工交通运输

施工交通包括对外交通和场内交通两部分。

（1）对外交通是指联系施工工地与国家或地方公路、铁路车站、水运港口之间的交通，担负着施工期间外来物资的运输任务。主要工作有：①计算外来物资、设备运输总量、分年度运输量与年平均昼夜运输强度；②选择对外交通方式及线路，提出选定方案的线路标准，重大部分施工措施，桥涵、码头、仓库、转运站等主要建筑物的规划与布置，水陆联运及与国家干线的连接方案，对外交通工程进度安排等。

（2）场内交通是指联系施工工地内部各工区、当地材料产地、堆渣场、各生产区、生活区之间的交通。场内交通应选定场内主要道路及各种设施布置、标准和规模，应与对外交通衔接。原则上来说，对外交通和场内交通干线、码头、转运站等由建设单位组织建设。至各作业场或工作面的支线，由辖区承包商自行建设。场内外施工道路、专用铁路及航运码头的建设，一般应按照合同提前组织施工，以保证后续工程尽早具备开工条件。

6.施工工厂设施

为施工服务的施工工厂设施主要有砂石加工、混凝土生产、风水电供应系统、机械修配及加工等。其任务是制备施工所需的建筑材料、风水电供应，建立工地内外通信联系，维修和保养施工设备，加工制造少量的非标准件和金属结构，使工程施工能顺利进行。

施工工厂设施应根据施工的任务和要求，分别确定各自位置、规模、设备容量、生产工艺、工艺设备、平面布置、占地面积、建筑面积和土建安装工程量，提出土建安装进度和分期投产的计划。大型临建工程，要做出专门设计，确定其工程量和施工进度安排。

7.施工总布置

施工总布置方案应遵循因地制宜、因时制宜、有利生产、方便生活、易于管理、安全可靠、经济合理的原则，经全面系统比较分析论证后选定。

施工总布置各分区方案选定后布置在1：2000地形图上，并提出各类房屋建筑面积、施工征地面积等指标。

其主要任务有：①对施工场地进行分期、分区和分标规划；②确定分期分区布置方案和各承包单位的场地范围；③对土石方的开挖、堆料、弃料和填筑进行综合平衡，提出各类房屋分区布置一览表；④估计用地和施工征地面积，提出用地计划；⑤研究施工期间的环境保护和植被恢复的可能性。

8.技术供应

根据施工总进度的安排和定额资料的分析，对主要建筑材料和主要施工机械设备，列出总需要量和分年需要量计划，必要时还须提出进行试验研究和补充勘测的建议，为进一步深入设计和研究提供依据。在完成上述设计内容时，还应绘制相应的附图。

（三）施工组织设计的主要成果

施工总组织设计在各设计阶段有不同的深度要求，其成果组织也有所不同，其中初步设计列入施工总组织设计文件中的主要成果有：①施工准备工程进度表；②施工用地征用范围图；③主要建筑材料需要总量及分年度供应量；④逐年劳动力需用量、最高人数及总工日数；⑤主要施工机械设备汇总表及分年度供应量；⑥永久建筑工程和辅助工程建筑安装工程量汇总表；⑦施工总进度表；⑧施工总体布置图；⑨设计报告。

第三节 水利水电工程施工准备

一、施工准备概述

现代企业管理的理论认为，企业管理的重点是生产经营，而生产经营的核心是决策。工程项目施工准备工作是生产经营管理的重要组成部分，是对拟建工程目标、资源供应、施工方案的选择及对空间布置和时间排列等诸多方面进行的施工决策。

基本建设是人们创造物质财富的重要途径，是我国国民经济的主要支柱之一。基本建设工程项目总的程序是按照计划、设计和施工三个阶段进行的。施工阶段又分为施工准备、土建施工、设备安装、交工验收等阶段。

由此可见，施工准备工作的基本任务是为拟建工程的施工建立必要的技术和物质条件，统筹安排施工力量和施工现场。施工准备工作也是企业搞好目标管理，推行技术经济承包的重要依据。同时施工准备工作还是土建施工和设备安装顺利进行的根本保证。

实践证明，凡是重视施工准备工作，积极为拟建工程创造一切施工条件，其工程的施工就会顺利地进行；凡是不重视施工准备工作，就会给工程的施工带来麻烦和损失，甚至给工程施工带来灾难，其后果不堪设想。凡事"预则立，不预则废"，充分说明了准备工作在事物整个运行过程中的重要性。水利水电工程施工因水利水电工程本身的原因，其施工准备工作在整个项目建设中显得尤为重要，施工准备工作的质量影响了整个项目建设的水平。

不仅在拟建工程开工之前要做好施工准备工作，而且随着工程施工的进展，在各施工阶段开工之前也要做好施工准备工作。施工准备工作既要有阶段性，又要有连贯性，因此施工准备工作必须有计划、有步骤、分期分阶段地进行，要贯穿拟建工程整个建造过程的始终。水利水电建设项目施工准备工作的主要内容包括调查研究与收集资料、技术资料的准备、施工现场的准备、物资及劳动力的准备。

二、施工资料的收集工作

工程施工设计的单位多、内容广、情况多变、问题复杂。编制施工组织设计的人员对建设地区的技术经济条件、厂址特征和社会情况等，往往不太熟悉，特别是建筑工程的施工在很大程度上要受当地技术经济条件的影响和约束。

因此，编制出一个符合实际情况、切实可行、质量较高的施工组织设计，就必须做好调查研究，了解实际情况，熟悉当地条件，收集原始资料和参考资料，掌握充分的信息，特别是定额信息及建设单位、设计单位、施工单位的有关信息。

（一）原始资料的调查

原始资料的调查工作应有计划、有目的地进行，事先要拟定明确详细的调查提纲。调查的范围、内容、要求等，应根据拟建工程的规模、性质、复杂程度、工期以及对当地熟悉了解程度而定。到新的地区施工时，调查了解、收集资料应全面、细致一些。

首先，应向建设单位、勘察设计单位收集工程资料，如工程设计任务书，工程地质、水文勘察资料，地形测量图，初步设计或扩大初步设计以及工程规划资料，工程规模、性质、建筑面积、投资等资料。

其次，是向当地气象台（站）调查有关气象资料，向当地有关部门、单位收集当地政府的有关规定及建设工程的提示，以及有关协议书，了解社会协议书，了解劳动力、运输能力和地方建筑材料的生产能力。

通过对以上原始材料的调查，做到心中有数，为编制施工组织设计提供充分的资料和依据。原始资料的调查包括技术经济资料的检查、建设场址的勘察和社会资料的调查。

1.技术经济资料的调查

技术经济资料的调查主要包括建设地区的能源、交通、材料、半成品及成品货源等内容，该调查可以作为选择施工方法和确定费用的依据。

（1）建设地区的能源调查

能源一般是指水源、电源、气源等。能源资料可向当地城建、电力、通信建设单位等进行调查，可作为选择施工用临时供水、供电和供气方式，提供经济分析比较的依据。

（2）建设地区的交通调查

交通运输方式一般有铁路、公路、水路、航空等，交通资料可向当地铁路、交通运输和民航等管理局的业务部门进行调查，主要作为组织施工运输业务、选择运输方式、提供经济分析比较的依据。

（3）主要材料的调查

材料内容包括三大材料（钢材、木材和水泥）、特殊材料和主要设备。这些资料一般向当地工程造价管理站及有关材料、设备供应部门进行调查，可作为确定材料供应、储存和设备订货、租赁的依据。

（4）半成品及成品货源的调查

半成品及成品货源内容包括地方资源和建筑企业的情况。这些资料一般向当地计划、经济及建筑等管理部门进行调查，可作为确定材料、构配件、制品等货源的加工供应方式、运输计划和规划临时设施的依据。

2.建设场地的勘察

建设场地的勘察主要是了解建设地点的地形、地貌、水文、气象，以及场址周围环境和障碍物情况等，可作为确定施工方法和技术措施的依据。

（1）地形、地貌的调查

地形、地貌的调查内容包括工程的建设规划图、区域地形图、工程位置地形图，水准点、控制桩的位置，现场地形、地貌特征，勘察高程及高差，等等。对地形简单的施工现场，一般采用目测和步测；对场地地形复杂的施工现场，可用测量仪器进行观测，也可向规划部门、建设单位、勘察单位等进行调查。这些资料可作为设计施工平面图的依据。

（2）工程地质及水文地质的调查

工程地质包括地层构造、土层的类别及厚度、土的性质、承载力及地震级别等。水文地质包括地下水的质量，含水层的厚度，地下水的流向、流量、流速、最高和最低水位，等等。这些内容的调查主要是采取观察的方法，如直接观察附近的土坑、沟道的断层，附近建筑物的地基情况，地面排水方向和地下水的汇集情况；钻孔观察地层构造、土的性质及类别、地下水的最高和最低水位。这些内容还可向建设单位、设计单位、勘察单位等进行调查。工程地质及水文地质的调查可作为选择基础施工方法的依据。

（3）气象资料的检查

气象资料主要是指气温（包括全年、各月平均温度，最高与最低温度，5℃及0℃以下天数、日期）、雨情（包括雨期起止时间，年、月降水量和日最大降水量等）和风情（包括全年主导风向频率、大于八级风的天数及日期）等资料。这些资料可向当地气象部门进行调查，也可作为确定冬、雨期施工的依据。

（4）周围环境及障碍物的调查

周围环境及障碍物的调查内容包括施工区域有建筑物、构筑物、沟渠、水井、树木、土堆、电力架空线路、地下沟道、人防工程、上下水管道、埋地电缆、煤气及天然气管道、地下杂填坑、枯井等。这些资料要通过实地踏勘，并向建设单位、设计单位等调查取得，可作为布置现场施工平面的依据。

3.社会资料的调查

社会资料的调查内容主要包括建设地区的政治、经济、文化、科技、风土、民俗等。其中社会劳动力和生活设施、参加施工各单位情况的检查资料，可作为安排劳动力、布置临时设施和确定施工力量的依据。

社会劳动力和生活设施的检查资料可向当地劳动、商业、卫生、教育、邮电、交通等主管部门进行调查。

（二）参考资料的收集

在编制施工组织设计时，为弥补原始资料的不足，还要借助一些相关的参考资料作为依据。这些参考资料可利用现有的施工定额、施工手册、建筑施工常用数据手册、施工组织设计实例或平时施工的实践经验获得。

三、施工技术的准备工作

技术资料的准备就是通常所说的室内准备，也即内业准备。技术准备是施工准备工作的核心。由于任何技术的差错或隐患都可能引起人身安全和质量事故，造成生命、财产和经济的巨大损失，因此必须认真地做好技术准备工作。其内容一般包括熟悉、审查施工图纸和有关的设计资料、签订施工合同、编制施工组织设计、编制施工预算。

（一）熟悉、审查相关资料

1.熟悉、审查施工图纸的依据

①建设单位和设计单位提供的初步设计或扩大初步设计、施工图设计、土方竖向设计和区域规划等资料文件；②调查收集的原始资料；③设计、施工验收规范和有关技术规定。

2.熟悉、审查设计图纸的目的

熟悉、审查设计图纸的目的是：为了能够按照设计图纸的要求顺利地进行施工，生产出符合设计要求的最终建筑产品；为了能够在拟建工程开工之前，使从事建筑施工技术和经营管理的工程技术人员充分地了解和掌握设计图纸的设计意图、结构与构造特点和技术要求。

通过审查发现设计图纸中存在的问题和错误，使其改正在施工开始之前，为拟建工程施工提供一份准确、齐全的设计图纸。

3.熟悉、审查设计图纸的内容

施工图审查主要包括政策性审查和技术性审查两部分内容。政策性审查主要审查施工图设计文件是否符合国家及本市有关法律法规的规定，是否符合资质管理、执业注册等有关规定，是否按规定在施工图上加盖出图章和签字，等等。技术性审查主要审查施工图设计文件中工程建设范围和内容是否符合已经批准的初步设计文件，施工图的数量和深度是否符合有关规程规范和满足施工要求、是否满足工程建设标准强制性条文（水利工程部分）的规定，主要技术方案是否有重大变更、是否危害公众安全，等等。

4.熟悉、审查设计图纸的程序

熟悉、审查设计图纸的程序通常分为自审阶段、会审阶段和现场签证三个阶段。自审阶段，施工单位收到设计图纸后，组织工程技术人员熟悉图纸，写出自审图纸的记录，记录包括对设计图纸的疑问和对设计图纸的有关建议。会审阶段，一般由建设单位主持，由设计单位、施工单位和监理单位参加，共同进行设计图纸的会审。一般先由设计单位说明拟建工程的设计依据、意图和功能要求，并对特殊结构、新材料、新工艺和新技术提出设计要求，然后由使用单位根据自身记录以及对设计意图的了解，提出对设计图纸的疑问和建议，最后在统一认识的基础上对所探讨的问题逐一做好记录，形成"图纸会审纪要"，由建设单位正式行文，参加单位共同会签、盖章，作为施工和工程结算的依据。现场签证阶段，在拟建工程施工的过程中，如果发现施工条件与设计图纸的条件不符，或者发现施工图纸中仍然有错误，或者因为材料的规格、质量不能够满足设计要求，或者因为施工单位提出了合理化建议，需要对设计图纸及时修订时，应遵循技术核定和设计变更的签证制度，进行图纸的施工现场签证。如果对拟建工程的规模、投资影响较大时，须报请项目的原批准单位批准。同时要形成完成的记录，作为指导施工、工程结算和竣工验收的依据。

（二）中标后签订施工合同

水利水电工程项目建设属于基本建设项目内容之一，其工程任务的发包多采用招投标方式发放。参与相关的招投标活动，中标后签订施工合同。依据合同法有关规定，招标文件属于要约邀请，投标文件属于要约，中标通知书属于承诺。这些文件都是合同文件的组成部分。

在签订施工合同时，合同文本一般采用合同示范文本，同时合同内容不能与前述文件冲突，也就是实质性内容不能与招标文件、投标文件、中标通知书的内容发生冲突。

（三）中标后施工组织设计

中标后的施工组织设计是施工准备工作的重要组成部分，也是指导施工现场全部生产活动的技术经济文件。施工生产活动的全过程是非常复杂的物质财富创造的过程，为了正确处理人与物、主体与辅助、工艺与设备、专业与协作、供应与消耗、生产与储存、使用与维修，以及他们在空间布置、时间排列之间的关系，必须根据拟建工程的规模、结构特点和建设单位要求，在原始资料检查分析的基础上，编制出一份切实指导该工程全部施工活动的科学方案。

（四）中标后编制施工预算

施工预算是根据中标后的合同价、施工图纸、施工组织设计或施工方案、施工定额等文件编制的，它直接受中标后合同价的控制。它是施工企业内部控制各项成本支出、考核用工、"两价"对比、签发施工任务单、限额领料、基层进行经济核算的依据。

四、施工生产准备工作

（一）施工现场的准备

施工现场是施工的全体参加者为夺取优质、高速、低耗的目标，而有节奏、均衡连续地进行战术决战的活动空间。施工现场的准备工作主要是为了给拟建工程的施工创造有利的施工条件和物资保证。施工现场的准备工作包括拆迁安置、"三通一平"、测量放线、搭设临时设施等内容。

1.拆迁安置

水利工程建设的拆迁安置工作一般由政府部门或建设单位完成，也可委托给施工单位完成。拆除时，要弄清情况，尤其是原有障碍物复杂、资料不全时，应采取相应的措施，防止发生事故。架空电线、埋地电缆、自来水管、污水管、煤气管道等的拆除，都应与有关部门取得联系并办好手续后，才可进行，一般由专业公司来拆除。场内的树木须报请园林部门批准后方可砍伐。房屋要在水源、电源、气源等截断后即可进行拆除。坚实、牢固的房屋等，采用定向爆破方法拆除，应经有关主管部门批准，由专业施工队拆除。安置工作是该项工作中的重点工作，也是最为容易起争端的环节，应给予足够的重视。

2."三通一平"

在工程施工范围内，平整场地和接通施工用水、用电管线及道路的工作，称为"三通一平"。这项工作，应根据施工组织设计中的"三通一平"规划来进行。

3.测量放线

这一工作是确定拟建工程平面位置的关键，施测中必须保证精度、杜绝错误。在测量放线前，应做好检验校正仪器、校核红线桩（规划部门给定的红线，在法律上起着控制建筑用地的作用）与水准点，制订测量放线方案（如平面控制、标高控制、沉降观测和竣工测量等）等工作。如果发现红线桩和水准点有问题，应提请建设单位处理。建筑物应通过设计图中的平面控制轴线来确定其轮廓位置，测定后提交有关部门和建设单位验线，以保证定位的准确性。

4.临时设施

现场所需临时设施，应报请规划、市政、交通、环保等有关部门审查批准。为了施工方便、行人的安全，应用围墙将施工用地围护起来。围护的形式和材料应符合市容管理的有关规定和要求，并在主要入口处设置标牌，标明工地名称、施工单位、工地负责人等。所有宿舍、办公用房、仓库、作业棚等，均应按批准的图纸搭建，不得乱搭乱建，并尽可能利用永久性工程。

（二）施工队伍的准备

施工队伍的准备包括建立项目管理机构和专业或混合施工队、组织劳动力进场、进行计划和任务交底等。

1.配备项目管理人员

项目管理人员的配备，应视工程规模和难易程度而定。一般单位工程，可设一名项目经理、施工员（工长）及材料员等人员即可；大型的单位工程或建筑群，须配备一套项目管理班子，包括施工、技术、材料、计划等管理班子。

2.确定基本施工队伍

根据工程特点，选择恰当的劳动组织形式。土建施工队伍采用混合队伍形式，其特点是人员配备少，工人以本工种为主兼做其他工作，工序之间搭接比较紧凑，劳动效率高。例如砖混结构的主体阶段主要以瓦工为主，配有架子工、木工、钢筋工、混凝土及机械工；装修阶段则以抹灰工为主，配有木工、电工；等等。对于装配式结构，则以结构吊装为主，配备适当的电焊工、木工、钢筋工、混凝土工、瓦工等。对于全现浇结构，混凝土工是主要工种，由于采用工具式模板，操作简便，所以不一定配备木工，只要有一些熟练的操作即可。

3.组织专业施工队伍

机电安装及消防、空调、通信系统等设备，一般由生产厂家进行安装和调试，有的施工项目需要机械化施工公司承担，如土石方、吊装工程等。这些都应在施工准备中以签订承包合同的形式予以明确，以便组织施工队伍。

4.组织外包施工队伍

由于建筑市场的开放及用工制度的改变，施工单位仅靠本身的力量来完成各项施工任务已不能满足要求，要组织外包施工队伍共同承担。外包施工队伍大致有独立承担单位工程的施工，承担分部、分项工程的施工，参与施工单位的班组施工三种形式。

5.讲解施工组织设计

该项工作的目的是把拟建工程的设计内容、施工计划和施工技术等要求，详尽地向施工队组和工人讲解交代。这是落实计划和技术责任制的最好办法。完成交底工作后，要组织其成员进行认真的分析研究，弄清关键部位、质量标准、安全措施和操作要领。必要时应该进行示范，并明确任务及时做好分工协作，同时建立健全岗位责任制和保证措施。

6.建立健全管理制度

工地的各项管理制度是否建立、健全，直接影响其各项施工活动的顺利进行。有章不循其后果是严重的，而无章可循更是危险的。为此必须建立、健全工地的各项管理制度，一般包括以下方面：工程质量检验与验收制度；工程技术档案管理制度；建筑材料检查验收制度；技术责任制度；施工图纸学习与会审制度；技术交底制度；职工考勤、考核制度；工地及班组经济核算制度；材料出入库制度；安全操作制度；机具使用保养制度；员工宿舍管理制度；食堂卫生安全管理制度；等等。

（三）施工物资的准备

材料、构件、机具等物资是保证施工任务完成的物质基础。根据工程需要确定用量计划，及时组织货源，办理订购手续，安排运输和储备，满足连续施工的需要。对特殊的材料、构件、机具，更应提早准备。材料和构件除了按需用量计划分期、分批组织进场外，还要根据施工平面图规定的位置堆放。按计划组织施工机具进场，做好井架搭设、塔吊布置及各种机具的位置安排，并根据需要搭设操作棚，接通动力和照明线路，做好机械的试运行工作。

1.施工物资准备工作的内容

物资准备工作主要包括建筑材料的准备、构配件和制品的加工准备、建筑安装机具的准备和生产工艺设备的准备。物资准备应严格按照施工进度编制物资使用计划，并按照物资使用计划严格控制，确保工程顺利进展。物资的储存应按种类、规格、使用时间、材料储存时间、现场布置进行堆放。

2.施工物资准备工作的程序

物资准备工作的程序是搞好物资准备的重要手段。

通常按如下程序进行：①根据施工预算、分部工程施工方法和施工进度的安排，拟订国拨材料、统配材料、地方材料、构配件及制品、施工机具和工艺设备等物资的需要量计划；②根据各种物资需要量计划，组织资源，确定加工、供应商地点和供应方式，签订物资供应合同；③根据各种物资的需要量计划和合同，拟订运输计划和运输方案；④按照施工总平面图的要求，组织物资按计划时间进场，在指定地点，按规定方式进行储存或堆放。

综上所述，各项施工准备工作不是分离的、孤立的，而是互为补充、相互配合的。为了提高施工准备工作的质量，加快施工准备工作的速度，必须加强建设单位、设计单位、施工单位和监理单位之间的协调工作，建立健全施工准备工作的责任制度和检查制度，使施工准备工作有领导、有组织、有计划和分期分批地进行，贯穿施工全过程的始终。

第二章　施工导流技术

第一节　施工导流与截流

一、施工导流

施工导流是指在水利水电工程中为保证河床中水工建筑物干地施工而利用围堰围护基坑，并将天然河道河水导向预定的泄水道，向下游宣泄的工程措施。

（一）全段围堰法导流

全段围堰法导流，就是在河床主体工程的上、下游各建一道断流围堰，使水流经河床以外的临时或永久泄水道下泄。在坡降很陡的山区河道上，若泄水建筑物出口处的水位低于基坑处河床高程时，也可不修建下游围堰。主体工程建成或接近建成时，再将临时泄水道封堵。这种导流方式又称为河床外导流或一次拦断法导流。

按照泄水建筑物的不同，全段围堰法一般又可划分为明渠导流、隧洞导流和涌管导流。

1.明渠导流

明渠导流是在河岸或滩地上开挖渠道，在基坑上、下游修建围堰，使河水经渠道向下游宣泄。一般适用于河流流量较大、岸坡平缓或有宽阔滩地的平原河道。在规划时，应尽量利用有利条件以取得经济合理的效果。如利用当地老河道，或利用裁弯取直开挖明渠，或与永久建筑物相结合，埃及的阿斯旺坝就是利用了水电站的引水渠和尾水渠进行施工导流。目前导流流量最大的明渠为中国三峡工程导流明渠，其轴线长3410.3 m，断面为高低渠相结合的复式断面，最小底宽350 m，设计导流流量为79 000 m³/s，通航流量为20 000 ~ 35 000 m³/s。

导流明渠的布置设计，一定要以保证水流顺畅、泄水安全、施工方便、缩短轴线及减少工程量为原则。明渠进、出口应与上下游水流平顺衔接，与河道主流的交角以30°左右为宜；为保证水流畅通，明渠转弯半径应大于5b（b为渠底宽度）；明渠进出上下游围堰之间要有适当的距离，一般以50～100 m为宜，以防明渠进出口水流冲刷围堰的迎水面。此外，为减少渠中水流向基坑内入渗，明渠水面到基坑水面之间的最短距离宜大于2.5～3.0H（H为明渠水面与基坑水面的高差，以m计）。同时，为避免水流紊乱和影响交通运输，导流明渠一般单侧布置。

此外，对于要求施工期通航的水利工程，导流明渠还应考虑通航所需的宽度、深度和长度的要求。

2.隧洞导流

隧洞导流是在河岸山体中开挖隧洞，在基坑的上下游修筑围堰，一次性拦断河床形成基坑，保护主体建筑物干地施工，天然河道水流全部或部分由导流隧洞下泄的导流方式。这种导流方法适用于河谷狭窄、两岸地形陡峻、山岩坚实的山区河流。

导流隧洞的布置，取决于地形、地质、枢纽布置及水流条件等因素，具体要求与水工隧洞类似。但必须指出，为了提高隧洞单位面积的泄流能力、减小洞径，应注意改善隧洞的过流条件。隧洞进出口应与上下游水流平顺衔接，与河道主流的交角以30°左右为宜；有条件时，隧洞最好布置成直线，若有弯道，其转弯半径以大于5b（b为洞宽）为宜；否则，因离心力作用会产生横波，或因流线折断而产生局部真空，影响隧洞泄流，严重时还会危及隧洞安全。隧洞进出口与上下游围堰之间要有适当距离，一般宜大于50 m，以防隧洞进出口水流冲刷围堰的迎水面。

隧洞断面形式可采用方圆形、圆形或马蹄形，以方圆形居多。一般导流临时隧洞，若地质条件良好，可不做专门衬砌。为降低糙率，应进行光面爆破，以提高泄量，降低隧洞造价。

3.涵管导流

涵管一般为钢筋混凝土结构。河水通过埋设在坝下的涵管向下游宣泄。

涵管导流适用于导流流量较小的河流或只用来负担枯水期的导流。一般在修筑土坝、堆石坝等工程中采用。涵管通常布置在河岸滩地上，其位置常在枯水位以上，这样可在枯水期不修围堰或只修小围堰而先将涵管筑好，然后再修上、下游断流围堰，将河水经涵管下泄。

涵管外壁和坝身防渗体之间易发生接触渗流，通常叮在涵管外壁每隔一定距离设置截流环，以延长渗径，降低渗透坡降，减少渗流的破坏作用。此外，必须严格控制涵管外壁防渗体填料的压实质量。涵管管身的温度缝或沉陷缝中的止水也必须认真对待。

（二）分段围堰法导流

分段围堰法导流，也称分期围堰导流，就是用围堰将水工建筑物分段分期围护起来进行施工的方法。分段就是将河床围成若干个干地施工基坑，分段进行施工。分期就是从时间上按导流过程划分施工阶段。段数分得越多，围堰工程量越大，施工也越复杂；同样，期数分得越多，工期有可能拖得越长。因此，在工程实践中，两段两期导流采用的最多。

（三）导流方式的选择

1.选择导流方式的一般原则

导流方式的选择，应当是工程施工组织总设计的一部分。导流方式选择是否得当，不仅对于导流费用有重大影响，而且对整个工程设计、施工总进度和总造价都有重大影响。导流方式的选择一般遵循以下原则：①导流方式应保证整个枢纽施工进度最快、造价最低；②因地制宜，充分利用地形、地质、水文及水工布置特点选择合适的导流方式；③应使整个工程施工有足够的安全度和灵活性；④尽可能满足施工期国民经济各部门的综合利用要求，如通航、过鱼、供水等；⑤施工方便，干扰小，技术上安全可靠。

2.影响导流方案选择的主要因素

水利水电枢纽工程施工，从开工到完工往往不是采用单一的导流方式，而是几种导流方式组合起来配合运用，以取得最佳的技术经济效果。这种不同导流时段、不同导流方式的组合，通常称为导流方案。选择导流方案时应考虑的主要因素有以下五种：

（1）水文条件

河流的水文特性，在很大程度上影响着导流方式的选择。每种导流方式均有适用的流量范围。除了流量大小外，流量过程线的特征、冰情与泥沙也影响着导流方式的选择。

（2）地形、地质条件

前面已叙述过每种导流方式适用于不同的地形地质条件，如宽阔的平原河道，宜用分期或导流明渠导流，河谷狭窄的山区河道，常用隧洞导流。当河床中有天然石岛或沙洲时，采用分段围堰法导流，更有利于导流围堰的布置，特别是纵向围堰的布置。在河床狭窄、岸坡陡峻、山岩坚实的地区，宜采用隧洞导流。至于平原河道、河流的两岸或一岸比较平坦，或有河湾、老河道可资利用，则宜采用明渠导流。

（3）枢纽类型及布置

水工建筑物的形式和布置与导流方案的选择相互影响，因此，在决定水工建筑物形式和布置时，应该同时考虑并初步拟订导流方案，应充分考虑施工导流的要求。

分期导流方式适用于混凝土坝枢纽；而土坝枢纽因不宜分段填筑，且一般不允许溢流，故多采用全段围堰法。高水头水利枢纽的后期导流常需多种导流方式的组合，导流程序也较复杂。例如狭窄处高水头混凝土坝前期导流可用隧洞，但后期导流则常利用布置在坝体不同高程的泄水孔过流；高水头上石坝的前后期导流，一般采用布置在两岸不同高程上的多层隧洞；如果枢纽中有永久泄水建筑物，如泄水闸、溢洪坝段、隧洞、涵管、底孔、引水渠等，应尽量加以利用。

（4）河流综合利用要求

施工期间，为了满足通航、筏运、供水、灌溉、生态保护或水电站运行等的要求，导流问题的解决更加复杂。在通航河道上，大都采用分段围堰法导流，要求河流在束窄以后，河宽仍能便于船只的通行，水深要与船只吃水深度相适应，束窄断面的最大流速一般不应超过 $2.0 \text{ m}^3/\text{s}$，特殊情况须与当地航运部门协商研究确定。

分期导流和明渠导流易满足通航、过木、过鱼、供水等要求。而某些峡谷地区的工程，为了满足过水要求，用明渠导流代替隧洞导流，这样又遇到了高边坡开挖和导流程序复杂化的问题，这就往往需要多方面比较各种导流方案的优缺点再选择。在施工中、后期，水库拦洪蓄水时要注意满足下游供水、灌溉用水和水电站运行的要求。

而某些工程为了满足过鱼需要，还须建造专门的鱼道、鱼类增殖站或设置集鱼装置等。

（5）施工进度、施工方法及施工场地布置

水利水电工程的施工进度与导流方案密切相关。通常是根据导流方案安排控制性进度计划。在水利水电枢纽施工导流过程中，对施工进度起控制作用的关键性时段主要有导流建筑物的完工工期、截断河床水流的时间、坝体拦洪的期限、封堵临时泄水建筑物的时间及水库蓄水发电的时间等，各项工程的施工方法和施工进度之间影响到各时段中导流任务的合理性和可能性。例如在混凝土坝枢纽中，采用分段围堰法施工时若导流底孔没有建成，就不能截断河床水流和全面修建第二期围堰；若坝体没有达到一定高程和没有完成基础及坝身纵缝的接缝灌浆，就不能封堵底孔，水库也不能蓄水。因此，施工方法、施工进度与导流方案是密切相关的。

此外，导流方案的选择与施工场地的布置也相互影响。例如在混凝土坝施工中，当混凝土生产系统布置在一岸时，宜采用全段围堰法导流。若采用分段围堰法导流，则应以混凝土生产系统所在的一岸作为第一期工程，因为这样两岸施工交通运输问题比较容易解决。

导流方案的选择受多种因素的影响一个合理的导流方案，必须在周密研究各种影响因素的基础上，拟订几个可能的方案，并进行技术经济比较，从中选择技术经济指标优越的方案。

3.施工导流保证措施

（1）质量保证措施

①土方开挖前，应会同监理按施工图纸所示的开挖尺寸进行开挖剖面测量放样成果的检查。

②开挖过程中，严格按审批的施工组织设计和规范执行，严格控制各部位其成形质量标准的高程和平面尺寸，定期测量校正开挖平面的尺寸和标高，以及按施工图纸的要求检查开挖边坡的坡度和平整度，并将测量资料提交给监理。

③土方开挖时，实际施工的边坡坡度适当留有修坡余量，再用人工修整，直至满足施工图纸要求的坡度和平整度。

④为防止修整后的开挖边坡遭受雨水冲刷，边坡的护面在修整后应立即按施工图纸要求完成。

（2）施工边坡稳定保证措施

①在开挖过程中，加强变形观测，发现变形异常时如可能出现裂缝和滑动迹象应立即暂停施工和采取减载、打桩等应急措施，并报告监理，必要时应按监理指示设置观测点，及时观测边坡变化情况，并做好记录；②备足防滑坡应急处理材料和机械设备；③加强施工排水；④控制边荷载、机械振动影响。

（3）进度保证措施

①按照施工计划及时调配施工机械，加强设备维修，保证设备的完好率；②加强施工道路的维修和保证道路的标准及质量，提高机械工作效率，晴好天气做到日夜连续施工，雨天做好工作面的排水工作和覆盖保护工作，保证雨后尽早恢复施工；③抓好土方工作面的排水，这是控制进度、质量的关键点，早挖、快挖、深挖排水沟，24小时不间断排水；④加强运管单位和地方关系的协调与处理，做到文明施工，以保证连续施工。

（4）安全保证措施

工程施工安全重点：抓好陆上车辆交通安全、基坑作业安全、基坑稳定安全、施工油料防火安全、防洪安全等。①开挖时严格按照施工作业规程、施工方案进行，做到分层分块作业，留足基坑边坡，防止塌方埋机。开挖运输机械不得在开挖坑口长时间停留，做好开挖临时边坡的安全观察。②加强陆上交通安全管制，设立规范明显的安全警示标志，加强机械作业人员的安全教育，遵章守纪，不开疲劳车，不开病车。③加强基坑变形观测，制订安全应急预案；做足排泥场围堰标准，加强值班管理，合理控制泥水高度。④基坑口设立明显的安全警示标志及安全护栏，基坑口严禁停放机械及堆土或施工材料。⑤施工用的油料，做好防火及消防安全工作，专人、专地保管。

二、施工截流

（一）截流方法

当泄水建筑物完成时，抓住有利时机，迅速实现围堰合龙，迫使水流经泄水建筑物下泄，称为截流。

截流工程是指在泄水建筑物接近完工时，即以进占方式自两岸或一岸建筑戗堤（作为围堰的一部分）形成龙口，并将龙口防护起来，待其他泄水建筑物完工以后，在有利时机，全力以赴以最短时间将龙口堵住，截断河流。接着在围堰迎水面投抛防渗材料闭气，水全部经泄水道下泄。在闭气同时，为使围堰能挡住当时可能出现的洪水，必须立即加高培厚围堰，使之迅速达到相应设计水位的高程以上。

截流工程是整个水利枢纽施工的关键，它的成败直接影响工程进度。如果失败了，就可能使进度推迟一年。截流工程的难易程度取决于河道流量、泄水条件；龙口的落差、流速、地形地质条件；材料供应情况及施工方法、施工设备等因素。因此事先必须经过充分的分析研究，采取适当措施，才能保证在截流施工中争取主动，顺利完成截流任务。

河道截流工程在我国已有千年以上的历史。在黄河防汛、海塘工程和灌溉工程上积累了丰富的经验，如利用捆厢帚、柴石枕、柴土枕、杩槎、排桩填帚截流，不仅施工方便速度快，而且就地取材，因地制宜，经济适用。20世纪50年代后，我国水利建设发展很快，江淮平原和黄河流域的不少截流堵口、导流堰工程多是采用这些传统方法完成的。此外，还广泛采用了高度机械化投块料截流的方法。

选择截流方式应充分分析水力学参数、施工条件和难度、抛投物数量和性质，并进行技术经济比较。截流方法包括以下四种：

1.单戗立堵截流

简单易行，辅助设备少，较经济，于截流落差不超过3.5 m，但龙口水流能量相对较大，流速较高，须制备较多的重大抛投物料。

2.双戗和多戗立堵截流

可分担总落差，改善截流难度，截流落差大于3.5 m。

3.建造浮桥或栈桥平堵截流

水力学条件相对较好，但造价高，技术复杂，一般不常选用。

4.定向爆破截流、建闸截流等

只有在条件特殊、充分论证后方宜选用。

（二）投抛块料截流

投抛块料截流是目前国内外最常用的截流方法，适用于各种情况，特别适用于大流量、大落差的河道上的截流。该方法是在龙口投抛石块或人工块体（混凝土方块、混凝土四面体、铅丝笼、柳石枕、串石等）堵截水流，迫使河水经导流建筑物下泄。

采用投抛块料截流，按不同的投抛合龙方法，截流可分为立堵、平堵、混合堵三种方法。

1.立堵法

首先，在河床的一侧或两侧向河床中填筑截流戗堤，逐步缩窄河床，即进占；当河床束窄到一定的过水断面时即行停止，这个断面称为龙口，对河床及龙口戗堤端部进行防冲加固（护底及裹头）。其次，掌握时机封堵龙口，使戗堤合龙。最后，为了解决戗堤的漏水，必须即时在戗堤迎水面设置防渗设施（闭气）。

2.平堵法

平堵法截流是沿整个龙口宽度全线抛投，抛投料堆筑体全面上升，直至露出水面。为此，合龙前必须在龙口架设浮桥。由于它是沿龙口全宽均匀平层抛投，所以其单宽流量较小，出现的流速也较小，需要的单个抛投材料重量也较轻，抛投强度较大，施工速度较快，但有碍通航。

3.混合堵

混合堵是指立堵结合平堵的方法。在截流设计时，可根据具体情况采用立堵与平堵相结合的截流方法，如先用立堵法进占，然后在龙口小范围内用平堵法截流；或先用船抛土石材料平堵法进占，然后再用立堵法截流。用得比较多的是首先从龙口两端下料保护戗堤头部，同时进行护底工程并抬高龙口底槛高程到一定高度，最后用立堵截断河流。平堵可以采用船抛，然后用汽车立堵截流。

（三）爆破截流

1.定向爆破截流

如果坝址处于峡谷地区，而且岩石坚硬，交通不便，岸坡陡峻，缺乏运输设备时，可利用定向爆破截流。我国某个水电站的截流就利用左岸陡峻岸坡设计设置了三个药包，一次定向爆破成功，堆筑方量 6800 m^3，堆积高度为平均 10 m，封堵了预留的 20 m 宽龙口，有效抛掷率为 68%。

2.预制混凝土爆破体截流

为了在合龙关键时刻瞬间抛入龙口大量材料封闭龙口，除了用定向爆破岩石外，还可在河床上预先浇筑巨大的混凝土块体，合龙时将其支撑体用爆破法炸断，使块体落入水中，将龙口封闭。

采用爆破截流，虽然可以利用瞬时的巨大抛投强度截断水流，但因瞬间抛投强度很大，材料入水时会产生很大的挤压波，巨大的波浪可能使已修好的戗堤遭到破坏，并会造成下游河道瞬间断流。此外，定向爆破岩石时，还须校核个别飞石距离，空气冲击波和地震的安全影响距离。

（四）下闸截流

人工泄水道的截流，通常在泄水道中预先修建闸墩，最后采用下闸截流。在天然河道中，有条件时也可设截流闸，最后采用下闸截流，三门峡鬼门河泄流道就曾采用这种方式，下闸时最大落差达7.08 m，历时30余小时；神门岛泄水道也曾考虑采用下闸截流，但闸墩在汛期被冲倒，后来改为管柱拦石栅截流。

除以上方法外，还有一些特殊的截流合龙方法，如木笼、钢板桩、草土、水力冲填法截流等。

综上所述，截流方式虽多，但通常多采用立堵、平堵或混合堵截流方式。截流设计中，应充分考虑影响截流方式选择的条件，拟定几种可行的截流方式，通过对水文气象条件、地形地质条件、综合利用条件、设备供应条件、经济指标等进行全面分析，经技术比较选定最优方案。

（五）截流时间和设计流量的确定

1.截流时间的选择

截流时间应根据枢纽工程施工控制性进度计划或总进度计划决定，至于时段选择，一般应考虑以下原则，经过全面分析比较而定：

（1）尽可能在较小流量时截流，但必须全面考虑河道水文特性和截流应完成的各项控制工程量，合理使用枯水期。

（2）对于具有通航、灌溉、供水、过木等特殊要求的河道，应全面兼顾这些要求，尽量使截流对河道综合利用的影响最小。

（3）有冰冻的河流，一般不在流冰期截流，避免截流和闭气工作复杂化，如有特殊情况必须在流冰期截流时应有充分论证，并有周密的安全措施。

2.截流设计流量的确定

一般设计流量按频率法确定，根据已选定的截流时段，采用该时段内一定频率的流量作为设计流量。当水文资料系列较长，河道水文特性稳定时，可应用这种方法。至于预报法，因当前的可靠预报期较短，一般不能在初步设计中应用，但在截流前夕有可能根据预报流量适当修改设计。在大型工程截流设计中，通常多以选取一个流量为主，再考虑较大、较小流量出现的可能性，用几个流量进行截流计算和模型试验研究。对于有深槽和浅滩的河道，如分流建筑物布置在浅滩上，对截流的不利条件，要特别进行研究。

（六）截流戗堤轴线和龙口位置的选择方法

1.戗堤轴线位置选择

通常截流戗堤是土石横向围堰的一部分，应结合围堰结构和围堰布置统一考虑。单戗截流的戗堤可布置在上游围堰或下游围堰中非防渗体的位置。如果戗堤靠近防渗体，在二者之间应留足闭气料或过渡带的厚度，同时应防止合龙时的流失料进入防渗体部位，避免在防渗体底部形成集中漏水通道。为了在合龙后能迅速闭气并进行基坑抽水，一般情况下将单戗堤布置在上游围堰内。

当采用双戗多戗截流时，戗堤间距满足一定要求，才能发挥每条戗堤分担落差的作用。如果围堰底宽不太大，上、下游围堰间距也不太大时，可将两条戗堤分别布置在上、下游围堰内，大多数双戗截流工程都是这样做的。如果围堰底宽很大，上、下游间距也很大，可考虑将双戗布置在一个围堰内。当采用多戗时，一个围堰内通常也须布置两条戗堤，此时，两戗堤之间均应有适当间距。

在采用土石围堰的一般情况下，均将截戗堤布置在围堰范围内。但是也有戗堤不与围堰相结合的，戗堤轴线位置选择应与龙口位置相一致。如果围堰所在处的地质、地形条件不利于布置戗堤和龙口，而戗堤工程量又很小，则可能将截流戗堤布置在围堰以外。龚嘴工程的截流戗堤就布置在上、下游围堰之间，而不与围堰相结合。由于这种戗堤多数均须拆除，因此，采用这种布置时应有专门论证。选择平堵截流戗堤轴线的位置时，应考虑便于抛石桥的架设。

2.龙口位置选择

选择龙口位置时，应着重考虑地质、地形条件及水力条件。从地质条件来看，龙口应尽量选在河床抗冲刷能力强的地方，如岩基裸露或覆盖层较薄处，这样可避免合龙过程中的过大冲刷，防止戗堤突然塌方失事。从地形条件来看，龙口河底不宜有顺流流向陡坡和深坑。如果龙口能选在底部基岩面粗糙、参差不齐的地方，则有利于抛投料的稳定。另外，龙口周围应有比较宽阔的场地，离料场和特殊截流材料堆场的距离近，便于布置交通道路和组织高强度施工，这一点也是十分重要的。从水力条件来看，对于有通航要求的河流，预留龙口一般均布置在深槽主航道处，有利于合龙前的通航，至于对龙口的上、下源水流条件的要求，以往的工程设计中有两种不同的见解：一种认为龙口应布置在浅滩，并尽量造成水流进出龙口的折冲和碰撞，以增大附加壅水作用；另一种认为进出龙口的水流应平直顺畅，因此可将龙口设在深槽中。实际上，这两种布置各有利弊，前者进口处的强烈侧向水流对戗堤端部抛投料的稳定不利，由龙口下泄的折冲水流易对下游河床和河岸造成冲刷。后者的主要问题是合龙段戗堤高度大，进占速度慢，而且深槽中水流集中，不易创造较好的分流条件。

3.龙口宽度

一方面，龙口宽度主要根据水力计算而定，对于通航河流，决定龙口宽度时应着重考虑通航要求，对于无通航要求的河流，主要考虑戗堤预进占所使用的材料及合龙工程量的大小。形成预留龙口前，通常使用一般石渣进占，根据其抗冲流速可计算出相应的龙口宽度。另一方面，合龙是高强度施工，一般合龙时间不宜过长，工程量不宜过大。当此要求与预进占材料允许的束窄度有矛盾时，也可考虑提前使用部分大石块，或者尽量提前分流。

4.龙口护底

对于非岩基河床，当覆盖层较深，抗冲能力小，截流过程中为防止覆盖层被冲刷，一般在整个龙口部位或困难区段进行平抛护底，防止截流料物流失量过大。对于岩基河床，有时为了减轻截流难度，增大河床粗糙率，也抛投一些料物护底并形成拦石坎。

计算最大块体时应按护底条件选择稳定系数。

以葛洲坝工程为例，预先对龙口进行护底，保护河床覆盖层免受冲刷，减少合龙工程量。护底的作用还可增大粗糙率，改善抛投的稳定条件，减少龙口水深。根据水工模型试验，经护底后，25t混凝土四面体有97%稳定在戗堤轴线上游，如不护底，混凝土四面体则仅有62%稳定。此外，通过护底还可以增加戗堤端部下游坡脚的稳定，以防止塌坡等事故的发生。对护底的结构形式，曾比较了块石护底、块石与混凝土块组合护底及混凝土块拦石坎护底三个方案。块石护底主要用粒径0.4~1.0m的块石，模型试验表明，此方案护底下面的覆盖层有淘，护底结构本身也不稳定；块石与混凝土块组合护底是由0.4～0.7 m的块石和15t混凝土四面体组成，这种组合结构是稳定的，但水下抛投工程量大；混凝土块拦石坎护底是在龙口困难区段一定范围内预抛大型块体形成潜坝，从而起到拦阻截流抛投料物流失的作用。混凝土块拦石坎护底工程量较小而效果显著，影响航运较少，且施工简单，经比较选用钢架石笼与混凝土预制块石的拦石坎护底。在龙口120 m困难段范围内，以17t混凝土五面体在龙口上侧形成拦石坎，然后用石笼抛投下游侧形成压脚坎，用以保护拦石坎。龙口护底长度视截流方式而定，对平堵截流，一般经验认为紊流段均须防护，护底长度可取相应于最大流速时最大水深的3倍。

对于立堵截流护底长度主要视水跃特性而定。根据苏联经验，在水深20 m以内饿堤线以下护底长度一般可取最大水深的3～4倍，轴线以上可取2倍，即总护底长度可取最大水深的5～6倍。葛洲坝工程上、下游护底长度各为25 m，相当于2.5倍的最大水深，即总长度相当于5倍的最大水深。

龙口护底是一种保护覆盖层免受冲刷，降低截流难度，提高抛投料稳定性及防止饿堤头部坍塌的行之有效的措施。

施工降排水工程包括堰体内明水抽排、降低地下水、基坑表面积水（围堰渗水、降雨、地表渗水及其他途径来水）抽排、基坑周围汇水排除四个方面。

排水系统布置考虑有两种不同情况：一种是在基坑开挖过程中的排水系统布置；另一种是基坑开挖成形后建筑物施工过程中排水系统布置。基坑开挖土方施工时，排水系统布置采用深龙沟排水，排水沟底低于开挖面1 m。建筑物施工时的基坑经常性排水，主要采用明沟截排的降排方式，正常抽排保证地下水位低于基坑底面0.5 m以下。

排水主沟网及集水井布置充分利用基坑开挖地形，合理布设，尽量以主沟线路短，避免或减少基坑开挖、运输道路等干扰为原则。

第二节　施工降、排水

一、堰体内明水抽排

堰体内明水抽排是施工导流中的重要环节，主要目的是降低堰体内的水位，为后续施工提供便利条件。这一过程通常涉及以下八个步骤：

第一，评估水位。首先，需要对堰体内的水位进行准确评估，确定需要抽排的水量。

第二，选择抽排设备。根据水位和抽排量，选择合适的抽排设备，如水泵、抽水机等。

第三，布置抽排系统。在堰体内合理布置抽排设备，确保抽排系统能够有效地工作。

第四，启动抽排。在确保所有安全措施到位后，启动抽排设备，开始抽排堰体内的明水。

第五，监控水位变化。在抽排过程中，要实时监控水位的变化，确保抽排效果达到预期目标。

第六，环境保护。在抽排过程中，要注意保护环境，避免或降低抽排操作对周围生态环境造成破坏。

第七，安全措施。确保所有操作人员遵守安全规程，采取必要的安全措施，防止意外事故的发生。

第八，完成抽排。当水位降至安全水平后，关闭抽排设备，完成抽排工作。

通过这一过程，可以有效降低堰体内的水位，为后续施工提供便利条件，同时也确保了施工安全和环境保护。

二、基坑明排水

基坑明排水是确保基坑施工安全和效率的重要环节。它涉及将基坑内的积水排出，以防止水对基坑结构造成损害，并降低施工风险。

第一，排水设计。在施工前，根据基坑的深度、面积和地质条件，设计合理的排水系统，包括排水沟、集水井和排水管道。

第二，排水设备。选择合适的排水设备，如水泵、排水管等，以满足排水需求。

第三，排水施工。在基坑开挖过程中，同步进行排水沟和集水井的施工，确保排水系统与基坑开挖同步进行。

第四，实时监控。在排水过程中，实时监控基坑内的水位变化，及时调整排水方案。

第五，安全措施。确保排水作业符合安全规程，采取必要的防护措施，防止施工人员和设备的安全事故。

第六，环境保护。在排水过程中，采取措施减少对周围环境的影响，如合理处理排水后的水质。

第七，排水效果评估。排水完成后，评估排水效果，确保基坑内无积水，为后续施工创造良好条件。

通过有效的基坑明排水措施，可以保障基坑施工的顺利进行，同时降低因水害引发的风险，确保工程质量和施工安全。

三、基坑降水

（一）降水前的准备工作

地质水文调查。在施工前，对基坑所在地的地质和水文条件进行详细调查，了解地下水位、流向、渗透性等，为降水方案的制订提供依据。

降水方案设计。根据地质水文调查结果，设计合适的降水方案，包括降水井的位置、深度、数量及降水设备的选型。

施工许可和审批。办理相关的施工许可和审批手续，确保降水工程的合法性。

设备和材料准备。准备所需的降水设备和材料，如水泵、井管、电缆等。

施工人员培训。对参与降水施工的人员进行专业培训，确保他们熟悉降水操作流程和安全规程。

（二）降水施工过程

降水井施工。按照设计方案，施工降水井。降水井通常采用钻孔或挖掘的方式进行，井管下入井底，上部与地面连接。

安装降水设备。在降水井中安装水泵和其他相关设备，确保设备的正常运行。

启动降水。在确保所有设备和安全措施到位后，启动降水系统，开始抽水。

监测与调整。在降水过程中，实时监测地下水位的变化和基坑边坡的稳定性，根据实际情况调整降水方案。

安全管理：确保施工过程中的安全管理，包括设备的维护、人员的防护及应急预案的制订。

（三）降水过程中的注意事项

环境保护。在降水过程中，采取措施减少对周边环境的影响，如合理处理抽出的地下水，避免污染。

周边建筑物保护。监测周边建筑物的沉降和变形，防止降水对周边建筑物造成损害。

应急预案。制定应急预案，以应对降水过程中可能出现的突发事件，如设备故障、水位异常升高等。

施工质量控制。确保降水井的施工质量，避免因施工质量问题导致降水效果不佳。

四、基坑周围汇水排除

为减小基坑汇水面积，结合基坑内降排水及混凝土等工程施工，沿站身、闸室基坑上口，距离基坑开挖线上口外侧1.0 m布置一条挡水土堰及排水明沟，明沟深60 cm，宽50 cm，与沿纵向轴线平行布置的路面排水沟连通。排水明沟过道路处埋入φ50涵管。建筑物施工时部分基坑经常性排水可通过基坑上口的排水沟排入河中。

（一）汇水排除施工过程

排水沟施工。在基坑周围开挖排水沟，将地表水引导至集水井或排水管道。

集水井设置。在基坑周围设置集水井，收集汇集的地表水和地下水。

排水管道安装。安装排水管道，将集水井中的水排至远离基坑的安全区域。

水泵安装。在集水井中安装水泵，提高排水效率，确保水位得到有效控制。

实时监控。在排水过程中，实时监控水位变化和排水效果，及时调整排水方案。

（二）汇水排除后的收尾工作

排水效果评估。在排水结束后，评估排水效果，确保基坑周围的水位得到有效控制。

设备拆除。拆除排水设备，包括水泵、排水管等，并进行必要的维护和保养。

排水设施回填。根据工程需要，对排水沟和集水井进行回填，恢复基坑周围原貌。

环境恢复。采取措施恢复施工区域的环境，如植被恢复、水质净化等。

工程验收。进行工程验收，确保基坑周围汇水排除工程符合设计要求和施工标准。

五、降排水连续供电保证措施

第一，降排水供电，均采用独立的供电线路，以防止因其他机械设备故障造成停电。

第二，降排水内部系统实行分组连接，防止因某一点故障造成大面积停电。

第三，船闸节制闸、立交地涵各配备1台200kVA柴油发电机组，已备国电停电时作为应急电源供电。

六、施工降排水质量保证措施

为了保证施工降排水质量满足施工要求，由于基坑运行时间长，降排水对周围建筑影响，加上被揭穿的软弱土层暴露在外，如遇不良气候条件极易发生塌方事故，因此对基坑的安全监测工作非常重要，必须做到以下三点：

（一）监控的主要内容

①基坑开挖的标高及基底土质的情况；②基坑边坡的渗水、滑坡及坡顶土体位移、裂缝等；③对基坑外邻近建筑物、地面设施等沉降观测。

（二）监测频率

初定正常观测频率：基坑开挖期间为5天/次，建筑物底板施工期间为2天/次，底板施工结束后为10天/次。若有异常情况须加密观测频率。

（三）监控预防措施

①加强监测，施工期间专人定期定时观测地下水位、渗流、边坡位移与沉降

情况，及时整理观测资料，分析基坑运行情况并及时通报有关部门，加强暴雨期间的值班工作，并做好基坑安全的经常性检查，发现异常情况及时上报和处理；②编制基坑防滑坡、防管涌、防冲刷维护措施及安全控制的应急预案，加强维护和保养，在基坑的周围严禁堆放物资及基坑土方，施工车辆严禁靠近基坑，在基坑周围设立禁行标志；③跟踪观测基坑边坡渗水情况，若发现边坡局部渗水较多，可采取局部设截水盲沟排水的措施；④若发生滑坡现象，则立即采取打入小木桩支护方案，或用钢板桩支护；⑤若发现坡顶土体有位移和裂缝现象，则立即采取打地锚拉钢丝或打钢板桩支护方案；⑥根据邻近建筑物的变形观测情况，调整大口井降水深度，并采取回灌措施，以保证邻近建筑物墙体不裂缝；⑦组织防滑坡抢险物资，为了预防突发事件的发生，尽可能将损失降低到最低限度，要预备部分抢险物资，其中包括6 m长直径为20～30 cm的圆木桩300 m，铁丝200 kg、砂石滤袋400袋，以及其他运输车辆和有关设备。

第三节　导流验收及围堰拆除

一、导流验收

根据《水利水电建设工程验收规程》，枢纽工程在导（截）流前，应由项目法人提出验收申请，竣工验收主持单位或其委托单位主持并对其进行阶段验收。

阶段验收委员会由验收主持单位、质量和安全监督机构、工程项目所在地水利（务）机构、运行管理单位的代表，以及有关专家组成，可邀请地方人民政府及有关部门参加。

大型工程在阶段验收前，验收主持单位根据工程建设需要，成立专家组，先进行技术预验收。如工程实施分期导（截）流时，可分期进行导（截）流验收。

（一）验收条件

①导流工程已基本完成，具备过流条件，投入使用（包括采取措施后）后不影响其他未完工程继续施工；②满足截流要求的水下隐蔽工程已完成；③截流设计已获批准，截流方案已编制完成，并做好各项准备工作；④工程度汛方案已经

有管辖权的防汛指挥部门批准，相关措施已落实；⑤截流后壅高水位以下的移民搬迁安置和库底清理已完成；⑥有航运功能的河道，碍航问题已得到解决。

（二）验收内容

①检查已完成的水下工程、隐蔽工程、导（截）流工程是否满足导（截）流要求；②检查建设征地、移民搬迁安置和库底清理完成情况；③审查导（截）流方案，检查导（截）流措施和准备工作落实情况；④检查为解决碍航等问题而采取的工程措施落实情况；⑤鉴定与截流有关已完工程施工质量；⑥对验收中发现的问题提出处理意见；⑦讨论并通过阶段验收鉴定书。

（三）验收程序

①现场检查工程建设情况及查阅有关资料。②召开大会：宣布验收委员会组成人员名单；检查已完工程的形象面貌和工程质量；检查在建工程的建设情况；检查后续工程的计划安排和主要技术措施落实情况，以及是否具备施工条件；检查拟投入使用工程是否具备运行条件；检查历次验收遗留问题的处理情况；检查已完工程施工质量；对验收中发现的问题提出处理意见；讨论并通过阶段验收鉴定书；验收委员会委员和被验收单位代表在验收鉴定书上签字。

（四）验收鉴定书

导（截）流验收的成果文件是主体工程投入使用验收鉴定书，它是主体工程投入使用运行的依据，也是施工单位向项目法人交接、项目法人向运行管理单位移交的依据。

自验收鉴定书通过之日起30个工作日内，由验收主持单位发送各参验单位。

二、围堰拆除

围堰是临时建筑物，导流任务完成后，应按设计要求拆除，以免影响永久建筑物的施工及运转。如在采用分段围堰法导流时，第一期横向围堰的拆除如果不合要求，势必会增加上、下游水位差，从而增加截流工作的难度，增大截流料物的质量及数量。这类教训在国内外有不少，如苏联的伏尔谢水电站截流时，上、下游水位差是188 m，其中由引渠和围堰没有拆除干净造成的水位差就有173 m。

又如下游围堰拆除不干净，会抬高尾水位，影响水轮机的利用水头，如浙江省富春江水电站曾受此影响，降低了水轮机出力，造成不应有的损失。

土石围堰相对来说断面较大，拆除工作一般是在运行期限的最后一个汛期过后，随上游水位的下降，逐层拆除围堰的背水坡和水上部分。

钢板桩格型围堰的拆除，首先要用抓斗或吸石器将填料清除，然后用拔桩机起拔钢板桩。混凝土围堰的拆除，一般只能用爆破法炸除，但应注意，必须使主体建筑物或其他设施不受爆破危害。

（一）控制爆破

控制爆破是为达到一定预期目的的爆破。如定向爆破、预裂爆破、光面爆破、岩塞爆破、微差控制爆破、拆除爆破、静态爆破、燃烧剂爆破等。

1.定向爆破

定向爆破是一种加强抛掷爆破技术，它利用炸药爆炸能量的作用，在一定的条件下，可将一定数量的土岩经爆破破碎后按预定的方向抛掷到预定地点，形成具有一定质量和形状的建筑物或开挖成一定断面的渠道。

在水利水电工程建设中，可以用定向爆破技术修筑土石坝、围堰、截流戗堤，以及开挖渠道、溢洪道等。在一定条件下，采用定向爆破方法修建上述建筑物，较用常规方法可缩短施工工期、节约劳力和资金。

定向爆破主要是使抛掷爆破最小抵抗线方向符合预定的抛掷方向，并且在最小抵抗线方向事先造成定向坑，利用空穴聚能效应集中抛掷，这是保证定向爆破的主要手段。造成定向坑的方法，在大多数情况下，都是利用辅助药包，让它在主药包起爆前先爆，形成一个起走向坑作用的爆破漏斗。如果地形有天然的凹面可以利用，也可不用辅助药包。

2.预列爆破

进行石方开挖时，在主爆区爆破之前沿设计轮廓线先爆出一条具有一定宽度的贯穿裂缝，以缓冲、反射开挖爆破的振动波，控制其对保留岩体的破坏影响，使之获得较平整的开挖轮廓，此种爆破技术为预裂爆破。

在水利水电工程施工中，预裂爆破不仅在垂直、倾斜开挖壁面上得到广泛应用，在规则的曲面、扭曲面和水平建基面等也采用预裂爆破。

（1）预裂爆破要求

①预裂缝要贯通且在地表有一定开裂宽度。对于中等坚硬岩石，缝宽不宜小于1.0 cm；坚硬岩石缝宽应达到0.5 cm左右；但在松软岩石上缝宽达到1.0 cm以上时，减振作用并未显著提高，应多做些现场试验，以利于总结经验。②预裂面开挖后的不平整度不宜大于15 cm。预裂面不平整度通常是指预裂孔所形成之预裂面的凹凸程度，它是衡量钻孔和爆破参数合理性的重要指标，可依此验证调整设计数据。③预裂面上的炮孔痕迹保留率应不低于80%，且炮孔附近岩石不出现严重的爆破裂隙。

（2）预裂爆破主要技术措施

①炮孔直径一般为50～200 mm，对深孔宜采取较大的孔径。②炮孔间距宜为孔径的8～12倍，坚硬岩石取小值。③不耦合系数建议取2～4，坚硬岩石取小值。④线装药密度一般取250～400 g/m。⑤药包结构形式，目前较多的是将药卷分散绑扎在传爆线上。分散药卷的相邻间距不宜大于50 cm，且不大于药卷的殉爆距离。考虑到孔底的夹制作用较大，底部药包应加强，约为线装药密度的2～5倍。⑥装药时距孔口1 m左右的深度内不要装药，可用粗砂填塞，不必捣实。填塞段过短，容易形成漏斗，过长则不能出现裂缝。

3. 光面爆破

光面爆破也是控制开挖轮廓的爆破方法之一。它与预裂爆破的不同之处在于光面爆孔的爆破是在开挖主爆孔的药包爆破之后进行。它可以使爆裂面光滑平顺，超欠挖均很少，能近似形成设计轮廓要求的爆破。光面爆破一般多用于地下工程的开挖，露天开挖工程中用得比较少，只是在一些有特殊要求或者条件有利的地方使用。光面爆破的要领是孔径小、孔距密、装药少、同时爆。

4. 岩塞爆破

岩塞爆破是一种水下控制爆破。当在已成水库或天然湖泊内取水发电、灌溉、供水或泄洪时，为修建隧洞的取水工程，避免在深水中建造围堰，采用岩塞爆破是一种经济而有效的方法。它的施工特点是先从引水隧洞出口开挖，直到掌子面到达库底或湖底邻近，然后预留一定厚度的岩塞，待隧洞和进口控制闸门井全部建完后，一次将岩塞炸除，使隧洞和水库连通。

岩塞的布置应根据隧洞的使用要求、地形、地质因素来确定。岩塞宜选择在覆盖层薄、岩石坚硬完整，且层面与进口中线交角大的部位，特别应避开节理、裂隙、构造发育的部位。岩塞的开口尺寸应满足进水流量的要求。岩塞厚度应为开口直径的 1 ~ 1.5 倍。太厚难于一次爆通，太薄则不安全。

水下岩塞爆破装药量计算，应考虑岩塞上静水压力的阻抗，用药量应比常规抛掷爆破药量增大20% ~ 30%。为了控制进口形状，岩塞周边采用预裂爆破以减震防裂。

5.微差控制爆破

微差控制爆破是一种应用特制的毫秒延期雷管，以毫秒级时差顺序起爆各个（组）药包的爆破技术。其原理是把普通齐发爆破的总炸药能最分割为多数较小的能量，采取合理的装药结构，用最佳的微差间隔时间和起爆顺序，为每个药包创造多面临空条件，将齐发药包产生的地震波变成一长串小幅值的地震波，同时各药包产生的地震波相互干涉，从而降低地震效应，把爆破震动控制在给定水平之下。爆破布孔和起爆顺序有成排顺序式、排内间隔式（又称 V 形式）、对角式、波浪式和径向式等，或由它组合变换成的其他形式，其中以对角式效果最好，成排顺序式最差。采用对角式时，应使实际孔距与抵抗线比大于2.5以上，对软石可为 6 ~ 8；相同段爆破孔数根据现场情况和一次起爆的允许炸药量来确定装药结构，一般采用空气间隔装药或孔底留空气柱的方式，所留空气间隔的长度通常为药柱长度的20% ~ 35%。间隔装药可用导爆索或电雷管齐发或孔内微差引爆，后者能更有效降震，爆破采用毫秒延迟雷管。

最佳微差间隔时间一般取 3 ~ 6W（W 为最小抵抗线），刚性大的岩石取下限。

一般相邻两炮孔爆破时间间隔宜控制在20 ~ 30 ms，不宜过大或过小；爆破网络宜采取可靠的导爆索与继爆管相结合的爆破网络，每孔至少一根导爆索，以确保安全起爆；非电爆管网络要设复线，孔内线脚要设有保护措施，避免装填时把线脚拉断；导爆索网络连接要注意搭接长度、拐弯角度、接头方向，并捆扎牢固，不得松动。

微差控制爆破能有效地控制爆破冲击波、震动、噪声和飞石；操作简单、安全、迅速；可近火爆破而不造成伤害；破碎程度好，可提高爆破效率和技术经济效益。但该网络设计较为复杂；须特殊的毫秒延期雷管及导爆材料。微差控制爆破适用于开挖岩石地基、挖掘沟渠、拆除建筑物和基础，以及用于工程量与爆破面积较大，对截面形状、规格、减震、飞石、边坡后面有严格要求的控制爆破工程。

（二）施工围堰填筑拆除及保证措施

1.围堰填筑

围堰填筑前先根据水下抛填、出水后压实和土方运输损耗粗略估算出拟填筑围堰的方量，划定围堰填筑土源地。

围堰填筑施工程序为坝址拆除清理杂物、河底淤泥清除→钢板桩施打→围堰土方填筑施工→土方压实→背水坡修整。

（1）杂物、淤泥清理

围堰填筑前用水下挖掘机清理杂物，清理围堰施工范围内的杂质，以保证围堰填筑效果。

（2）钢板桩施打

用于本工程围堰的钢板桩全部从厂家购买全新的FSP-Ⅲ的U形钢板桩。

①钢板桩的整理，钢板桩运到工地后，先进行检查、分类、编号及登记。②钢板桩围堰位置的砌石护岸及杂物必拆除干净，以防止影响钢板桩施工。③由于围堰所用的钢板桩数量较多，应采用同种类型。施打前要求对有明显弯曲破损、锁口不合、锁口有焊瘤等缺陷情况应及时整修。所有钢板桩必须对其锁口进行检查。组桩及单桩的锁口内，涂以黄油混合物油膏（重量配合比为：黄油：沥青：干锯末：干黏土＝2：2：2：1），以减少插打时的摩阻力，并加强防渗性能。④在钢板桩正式施工前，按设计要求进行现场施工试运行，再根据试运行情况调整和确定钢板桩的打入速度等技术参数。⑤为保证沉桩轴线位置的正确和桩的竖直，控制桩的打入精度，防止板桩的屈曲变形和提高桩的贯入能力，设置有一定刚度的、坚固的导向架。导向架由导梁和围檩桩等组成，围檩桩的间距一般为2.5～3.5 m，双面围檩之间的间距不宜过大，一般略比板桩墙厚度大8～15 mm。⑥用汽车将钢板桩运到位后，采用水上定位桩船配卡特470型挖掘机带液压高频拔桩锤（带液压钳）斜插到钢板桩顶口，整体起吊钢板桩。第一根钢板桩沿导向梁下插，是整个围堰钢板桩的基准，要反复挂线检查，使其方向垂直位置准确。满足要求后开启振动锤一边振动，一边插打下沉。施打完成后测量检测平面位置和垂直度，满足要求后利用锁口导向和定位导向依次施打其余钢板桩。整个钢板

桩围堰施打过程中，开始时可插一根打一根，即将每一片钢板桩打到设计位置。⑦在插打过程中随时测量监控每块桩的斜度不超过2%。⑧先施工内侧一排钢板桩，全完成后，再施工外侧钢板桩，两道钢板桩完成后，采用水上挖掘船用黏土填筑两道钢板桩内，填筑时应保证钢板桩稳定，当钢板桩围堰内外压力基本平衡时，安装围堰和两道钢板桩间的拉锚结构，拉锚结构采用拉杆连接，钢板桩间钢拉杆选用D2型，直径为φ60 mm、间距1.5 m，材质为Q345的钢材，钢拉杆预先张拉力为60 kN。⑨围堰填筑完成后，在围堰与京杭运河接头位置采用袋装土锥坡及高压旋喷桩防渗，袋装土锥坡采用水上挖掘机配合堆叠，高压旋喷桩的施工工艺相对简单，可以根据土层结构设计为垂直、水平或倾斜状，具有高强度和低渗透系数的特点。

（3）钢板桩围堰土方填筑施工

①围堰土方填筑时间安排。根据钢板桩围堰施工工艺和现场施工条件，为方便钢板桩施工机械的行走，围堰内土方填筑与钢板桩施工保持同步，钢板桩施工一定长度后，即同步施工土方填筑。

②围堰填筑土方平衡。考虑到水下抛填和出水后压实，以及土方运输损耗，单座钢板桩围堰填筑需土方7000 m³。根据现场土质情况，围堰填筑土方全部采用立交地涵引河开挖的层土。该围堰拆除时其水上方用于翼墙后填筑，水下方通过长臂挖掘机开挖，自卸车外运送到发包人指定的弃土区内。

③基底清理和河床清淤。采用水上挖掘机配自卸车，将围堰范围内的杂物、淤泥全部清除干净。

④钢板桩围堰土方填筑。围堰内土方施工采用水中倒土填筑。土方采用自卸车运土，推土机推土筑堰，水下采用抛填，从围堰一端向另一端进行填筑，填土出水后，用推土机和蛙式打夯机结合分层平整压实。围堰水上填土，采用分层铺土、分层压实的方案，层厚25 cm。

（4）围堰防护

①围堰加固。围堰先期施工根据设计要求填筑到设计高程，为了防止坝体沉降和风浪爬高影响，针对不利因素对坝体进行加高加固，具体措施如下：A.坝顶及迎水面加固。计划在原坝顶高程的基础上用袋装砂叠码加高60 cm，上下游围堰的迎水侧坡面在水下1.0 m以上采用不透水土工布覆盖，土工布下脚在水位线上下50 cm范围内，平列排放袋装砂压实，防水布上口压到坝顶上的顺向开挖

的小沟槽内，反卷后用袋装砂压实。B.背水侧加固。先做足背水坡后戗台；在背坡面上河段深水区范围内施打不短于9 m的原木桩防护，原木桩间隔1 m，共一排，约50根木桩，木桩上口用细钢筋连接，必要时视坝体稳定情况投入一定量的钢板桩支护。在积水抽排期间，随着堰内水面下降，逐步开挖岸边土方在背水坡上加绑戗台。

②加强监测。对围堰的安全监测非常重要。拟在上下游设自制水尺四根，并顺围堰方向做好纵向位移观测点，在围堰运行过程中，安排专人值班，做好围堰上下游水位观测和纵向位移观测并记录，每天定时四次。加强暴雨和大风期间的值班工作，并做好围堰的经常性检查，发现问题及时上报。

③加强维护和保养。定期检查和维护施工围堰，发现透水、松动等及时堵漏、填平、压实；同时备足防汛物资和机械，以确保施工期围堰安全；制定抢险应急预案，备足防汛、抢险应急机械、材料、器具，发生超标准洪水时，根据水位情况对施工围堰进行加宽、加固和加高。

④施工期间维护。施工期在上下游各布置两人专门执勤护坝，密切关注坝体的运行情况，同时备足维护用材，防汛袋2000只、土工布2000 m、15 m长杂木桩200根。

（5）围堰施工期间安全维护

加强维护和保养，定期检查和维护施工围堰，发现透水、松动等及时堵漏、填平、压实；同时备足抢险应急机械、材料、器具。制订抢险应急预案，围堰安全全天候值班。

2.围堰拆除施工

水下工程完工验收后，根据总体进度计划安排，拆除内外河侧施工围堰。围堰拆除包括围堰钢板桩拆除及围堰水上方、水下方的拆除、围堰顶临时道路的拆除。

施工围堰拆除前，先对闸塘注水，水位平衡后才能拆除。

（1）临时道路拆除

先采用镐头机和挖掘机拆除砼临时道路，拆除的废渣用自卸车运到发包人指定弃土区堆放。

（2）土方拆除

该围堰土方拆除时其水上方采用挖掘机开挖，自卸车运到弃土区，水下方通过PC200长臂挖掘机开挖，自卸车外运送到发包人指定的弃土区内。

（3）钢板桩拆除

拔除钢板桩需要克服的阻力有土壤摩阻力、锁口摩阻力之间的摩阻力。要点如下：①拔桩顺序可根据沉桩时的情况确定拔桩起点，必要时也可用跳拔的方法。拔桩的顺序与打桩时相反，从围堰的北端向南端拆除，边拆边退。②拔桩方法采用振动锤拔桩，利用振动锤产生的强迫振动，扰动土质，破坏钢板桩周围土的黏聚力以克服拔桩阻力，依靠附加起吊力的作用将其拔除。拔钢板桩的设备采用振动打拔桩机，用机上夹具夹紧板桩，并振动使之松动，再配合卷扬机串以滑车组协助外拉。③起重机应随振动锤的启动而逐渐加荷，起吊力一般略小于减振器弹簧的压缩极限。④对较难拔除的板桩可先用振动锤将桩振下100～300 mm，然后振拔。

（4）围堰拆除的安全控制

①围堰在水下工程验收后进行拆除，拆除前将堰内外水位保持一致，在平水状态下开挖围堰土方，防止水位不一致对已建工程造成一定的水流冲击；②拆除时挖掘机开挖程序为前方挖土，后方装车，退着开挖。

3.围堰施工质量保证措施

施工围堰的安全运行是保证整个主体工程顺利实施的先决条件，也关系到工程的成败，因此我们将其看作永久性建筑物标准来施工，对此拟采取以下措施保证施工围堰质量：①钢板桩施工、围堰填筑必须按照作业规程进行，专人值班指挥。确保围堰下不形成包心淤泥。项目部成立以项目经理为首的施工管理机构，明确质量责任人，做到事事有人抓。②施工前对机械手和工人进行技术交底，控制各个施工环节，让每一个人都知道自己怎么做，如何做。并实行质量管理责任制，达不到质量要求必须进行返工，同时制定相应的奖惩措施。③围堰填筑位置的杂物必须清除干净，以防止围堰在此处渗水。④围堰填筑用土严禁夹带淤泥、杂草、石渣、砼块等杂物。⑤围堰填筑高于水面0.5 m后，用推土机逐层压实，每层厚度控制在25 cm，直至设计标高。⑥基坑抽水过程中围堰填筑完成后在抽排水期间，严格控制降水速率，加强围堰变形观测，防止抽水过快造成坝体滑坡，并及时做好坝体加固工作。⑦备足防汛、抢险应急机械、材料、器具。制订抢险应急预案，围堰安全全天候值班。

4.钢板桩施工质量控制措施

①使用钢板桩时，要有钢板桩机械性能和化学成分的出厂证明文件，并详细丈量尺寸，检验是否符合要求；②承包人应与施工人员签订责任证书，一经发现有违反施工工艺要求的作业，应严格处理，乃至罚款；③施工过程中的各项记录要有专人负责，要做到施工记录与实际情况保持一致。

第三章 地基处理工程施工技术

第一节 防渗墙工程施工

一、防渗墙施工技术措施

防渗墙是修建在挡水建筑物透水地层中的地下连续墙。用来控制渗流，减少渗透流量，保证建筑物和地基的渗流稳定，它是解决深厚覆盖层中渗流问题的有效措施。

防渗墙之所以得到如此广泛的应用和迅速的发展，其主要原因是由于它与其他同类工程措施，如打设板桩、灌浆等相比，具有结构可靠、防渗效果好，能适应各种不同的地层条件，同时，施工时几乎不受地下水位的影响，它的修建深度较大，而且可以在距已有建筑物十分邻近的地方施工，并具有施工速度快，工程造价不太高等优点。加拿大麦尼克三级工程中的防渗墙是目前世界上最深的混凝土防渗墙，最大墙深度达131 m。此外，地下防渗墙还具有工程造价不太高等优点。

在水利水电建设中，防渗墙的应用有以下五个方面：①控制闸坝基础的渗流；②坝体防渗和加固处理；③控制围堰堰体和基础的渗流；④防止泄水建筑物下游基础的冲刷；⑤作为一般水工建筑物基础的承重结构等。总之，它可用来解决防渗、防冲、加固、承重等多方面的工程问题。

地下连续墙的施工方法主要有两种：一是排桩成墙；二是开槽筑墙。目前国内外应用最多的是开槽筑墙。

开槽筑墙的施工工艺，是在地面上用一种特殊的挖槽设备，沿着铺设好的导墙工程，在泥浆护壁的情况下，开挖一条窄长的深槽，在槽中浇筑混凝土（有的在浇筑前放置钢筋笼、预制构件）或其他材料，筑成地下连续墙体。地下连续墙体按其材料可分为土质墙、混凝土墙、钢筋混凝土墙和组合墙。

槽型防渗墙的施工，是分段分期进行的。先建造单号槽段的墙壁，称为一期槽段；再建造双号槽段的墙壁，称为二期槽段。一期、二期槽段连接而成一道连续墙。

槽段的宽度，即防渗墙的有效厚度，视筑墙材料和造孔方法而定。钢板桩水泥砂浆和水泥黏土砂浆灌注的防渗墙厚度仅10～20 cm；泥浆槽的级配混合料填筑的防渗墙厚度达300 cm；而一般的混凝土及钢筋混凝土防渗墙厚度在60～80 cm。

在一般情况下，防渗墙的施工程序：①成槽前的准备工作；②用泥浆固壁进行成槽；③终槽验收和清槽换浆；④防渗墙浇筑前的准备工作；⑤防渗墙的浇筑；⑥成墙质量验收等。

二、防渗墙钻孔施工作业

防渗墙是土石坝基础防渗处理的一种最有效的设施。因其具有结构可靠，防渗效果好，能适应各种不同的地层条件，施工方便，工程造价低等优点，所以得到广泛应用。

混凝土防渗墙的施工程序一般可分为造孔前的准备工作、泥浆固壁进行造孔、终孔验收与清孔换浆、浇筑混凝土、全墙质量验收等。

混凝土防渗墙的基本形式是槽孔型，它是由一段段槽孔套连接而成的地下连续墙，先施工一期槽孔后再施工二期槽孔。

（一）造孔前的准备工作

根据防渗墙的设计要求和槽孔长度的划分做好槽孔的测量定位工作，并在此基础上设置导向槽。

1.槽段的宽度及长度

槽段的宽度即防渗墙的有效厚度，视筑墙材料和造孔方法而定。一般钢板桩水泥砂浆和水泥黏土砂浆灌注的防渗墙，厚度为10～20 cm；混凝土及钢筋混凝土防渗墙，厚度在40～80 cm。

槽段长度的划分，原则上为了减少槽段间的接头，尽可能采用比较长的槽段。但由于墙基地形地质条件的限制，以及施工能力、施工机具等因素的影响，槽孔又不能太长，所以槽孔长度必须满足下述条件：

$$L = \frac{Q}{kBV} \qquad (3\text{-}1)$$

式中：L——槽段长度，m；

Q——混凝土生产能力，m^3/h；

B——防渗墙厚度，m；

V——槽段混凝土面的上升速度，一般要求小于 2 m/h；

k——墙厚扩大系数，可取 1.2 ~ 1.3。

一般槽段长度为 10 ~ 20 m。

2. 导墙施工

导墙是建造防渗墙不可缺少的构筑物，必须认真进行设计，最后通过质量验收合格后才能进行施工。

（1）导墙的作用

第一，导墙是控制防渗墙各项指标的基准。导墙和防渗墙的中心线必须一致，导墙宽度一般比防渗墙的宽度多 3 ~ 5 cm，它表示挖槽位置，为挖槽起导向作用。导墙竖向面的垂直度是决定防渗墙垂直度的首要条件。导墙顶部应平整，以保证导向钢轨的架设和定位。

第二，导墙可防止槽壁顶部坍塌，保证地面土体稳定。在导墙之间每隔 1 ~ 3 m 架设临时木支撑。

第三，导墙经常承受灌注混凝土的导管、钻机等静、动荷载，可以起到重物支承台的作用。

第四，维持稳定液面的作用。特别是地下水位很高的地段，为维持稳定液面，至少要高出地下水位 1 m，导墙顶部有时高出地面。

第五，导墙内的空间有时可作为稳定液的储藏槽。

（2）导墙的施工

钢筋混凝土导墙常用现场浇筑法。其施工顺序是平整场地→测量位置→挖槽与处理弃土→绑扎钢筋→支模板→灌注混凝土→拆模板并设横撑→回填导墙外侧空隙并碾压密实。

导墙的施工接头位置应与防渗墙的施工接头位置错开。另外还可设置插铁以保持导墙的连续性。

导向槽沿防渗墙轴线设在槽孔上方，支撑上部孔壁；其净宽一般等于或略大于防渗墙的设计厚度，深度以1.5 ~ 2.0 m为宜。导向槽可用木料、条石、灰拌土或混凝土做成。

为了维持槽孔的稳定，要求导向槽底部应高出地下水位0.5 m以上。为防止地表积水倒流和便于自流排浆，其顶部高程要高于两侧地面高程。

导向槽安设好后，在槽侧铺设钻机轨道，安装钻机，修筑运输道路，架设动力线路和照明线路及供水浆管路，做好排水排浆系统，并向槽内灌泥浆，保持液面在槽顶以下30 ~ 50 cm，即可开始造孔。

（二）造孔施工技术

1.防渗墙施工机具

为适应各工程对防渗墙的不同要求，先后开始研制或引进各种施工机具，如抓斗挖槽机，多头钻式挖槽机，回转式正、反循环钻机，冲击式正、反循环钻机，双轮铣钻机以及射水法造墙机、锯槽成墙机等。

2.造孔方法

（1）钻劈法

用冲击式钻机开挖槽孔时，一般采用钻劈法，即"主孔钻进、副孔劈打"，先将一个槽段划分为主孔和副孔，利用钻击钻头自重冲击钻凿主孔，然后用同样的钻头劈打副孔两侧，用抽砂筒或接渣斗出渣。使用冲击钻劈打副孔产生的碎渣，有两种出渣方式：一是利用泵吸设备将泥浆连同碎渣一起吸出槽外，通过再生处理后，泥浆可以循环使用；二是用抽砂筒及接砂斗出渣，钻进与出渣间歇性作业。这种方法一般要求主孔先导8 ~ 12 m，适用于砂卵石等地层。

（2）钻抓法

又称为"主孔钻进，副孔抓取"法。它是先用冲击钻或回转钻钻凿主孔，然后用抓斗抓挖副孔，副孔的宽度要求小于抓斗的有效作用宽度。这种方法可以充分发挥两种机具的优势，抓斗的效率高，而钻机可钻进不同深度地层。具体施工时，可以两钻一抓、三钻两抓、四钻三抓形成不同长度的槽孔。钻抓法主要适合于粒径较小的松散软弱地层。

（3）分层钻进法

采用回转式钻机造孔。分层成槽时槽孔两端应领先钻进，它是利用钻具的重量和钻头的回转切削作用，按一定程序分层下挖，用砂石泵经空心钻杆将土渣连同泥浆排出槽外，同时不断补充新鲜泥浆，维持泥浆液面的稳定。分层钻进法适用于均质颗粒的地层，使碎渣能从排渣管内顺利通过。

（4）铣削法

采用液压双轮铣槽机，先从槽段一端开始切削，然后逐层下挖成槽。目前液压双轮铣槽机是一种比较先进的防渗墙施工机械，它由两组相向旋转的铣切刀轮对地层进行切削，这样可抵消地层的反作用力，保持设备的稳定。切削下来的碎屑集中在中心，由离心泥浆泵通过管道排出到地面。

以上各种造孔挖槽方法，都是采用泥浆固壁，在泥浆液面下钻挖成槽的。在造孔过程中，要严格按操作规程施工，防止掉钻、卡钻、埋钻等事故发生；必须经常注意泥浆液面的稳定，发现严重漏浆，要及时补充泥浆，采取有效的止漏措施；要定时测定泥浆的性能指标，以免影响工作，甚至造成孔壁坍塌；要保持槽壁平直，保证孔位、孔斜、孔深、孔宽和槽孔搭接厚度。嵌入基岩的深度要满足规定的要求，防止漏钻漏挖和欠钻欠挖。

3.泥浆固壁

泥浆在造孔中主要起固壁作用，其具有较大的相对密度（一般为1.1～1.2），以静压力作用于槽壁借以抵抗槽壁土压力及地下水压力。在成槽过程中，泥浆所起的作用，除固壁作用外，还有携砂作用、冷却钻头作用和润滑作用。成墙以后，渗入孔壁的泥浆和胶结在孔壁的泥皮还有防渗作用。它直接影响墙底与基岩墙间结合质量。

一般槽内泥浆面应高出地下水位0.6～2.0 m。

由于泥浆具有较大的相对密度，对槽壁施加的静压力相当于一种液体支撑。当泥浆渗入槽壁，胶结成一层致密的泥皮，产生一种特殊的护壁作用，也有助于维持槽壁的稳定。欧洲一些国家的经验指出，槽内泥浆液面如果高于地下水位0.6 m，就能防止槽壁坍塌，而日本的有关著述则认为最好在2 m以上。

由于泥浆的特殊性和重要性，对于泥浆的制浆土料、配比及施工过程中的质量控制等方面，都提出了严格的规定。要求固壁泥浆相对密度小（新浆相对密度小于1.05，槽内相对密度不大于1.15，槽底相对密度不大于1.2），黏度适当（25～30 s，指体积为500 cm³的浆液从一标准漏斗中流出来的时间），掺CMC（羧甲基纤维素）可改善黏度，且稳定性好，失水量小，国外一般都要求用膨润土制浆。

我国早期也采用过膨润土制浆，通过工程实践后，制浆土料的范围不断扩大，为就地取材制浆提供了可靠的科学依据。

对于泥浆的技术指标，则必须根据地层的地质和水文地质条件、成槽方法和使用部位等因素综合选定。如在松散地层中，浆液漏失严重，应选用黏度较大、静切力较高的泥浆；土坝加固补强时，为了防止坝体在泥浆压力作用下，使原有裂缝扩展或产生新的裂缝，宜选用比重较小的泥浆；在成槽过程中，泥浆因受压失水量大，容易形成厚而不牢的固壁泥皮，所以应选用失水量较小的泥浆，黏土在碱性溶液中容易进行离子交换，为提高泥浆的稳定性，应选用泥浆的pH值大于7为最好，但是pH值也不宜过大，否则泥浆的胶凝化倾向增大，反而会降低泥浆的固壁性能。一般地，pH值以7 ~ 9为宜。

在施工过程中，必须加强泥浆生产过程中各个环节的管理和控制：一方面，在施工现场要定时测定泥浆的相对密度、黏度和含砂量，在试验室内还要进行胶体率、失水量（泥皮厚）、静切力等项试验，以全面评价泥浆的质量和控制泥浆的技术指标；另一方面，要防止一切违章操作，如严禁砂卵石和其他杂质与制浆土料相混合，不允许随便往槽段中倾注清水，未经试验的两种泥浆不允许混合使用。槽壁严重漏浆时，要抛投与制浆土料性质一样的泥球等。

为了保质保量供应泥浆，工地必须设置泥浆系统。泥浆系统中主要包括土料仓库、供水管路、量水设备、泥浆搅拌机、储浆池、泥浆泵、废浆池、振动筛、旋流器、沉淀池、排渣槽等泥浆再生净化设施。

泥浆的再生净化和回收利用，不仅能够降低成本，而且可以改善环境，防止泥浆污染。

根据统计，如果泥浆不回收利用，则其费用占防渗墙总造价的15%左右。而根据国外经验，在黏土、淤泥中成槽，泥浆可回收利用2 ~ 3次；在砂砾石中成槽，可回收利用6 ~ 8次。由此可见泥浆回收利用的经济价值。

回收利用泥浆，就必须对准备废弃的泥浆进行再生净化处理。泥浆的再生净化处理有物理处理和化学处理。

所谓物理再生净化处理，主要是将成槽过程中含有土渣的泥浆通过振动筛、旋流器和沉淀池，利用筛分作用、离心分离作用和重力沉淀作用，分别将粗细颗粒的土渣从泥浆中分离出去，以恢复泥浆的物理性能。

所谓化学再生净化处理，主要是对发生化学变化的泥浆进行再生净化处理。如浇筑混凝土时所置换出来的泥浆，由于混凝土中水泥乳状液所含大量钙离子，产生凝化，其结果是使泥浆形成泥皮的能力减弱，固壁性能降低，黏性增高，土渣分离困难。处理的办法：可掺加适量的分散剂，如碳酸钠、碳酸氢钠等，混合后再做物理再生净化处理，使泥浆恢复应有的性能。

（三）终孔工作

1.岩心鉴定

为了使防渗墙准确地达到设计深度，主孔钻进到预定部位前，应放下抽筒，抽取岩样进行鉴定，编号装袋。

2.终孔验收

终孔后按规范对孔深、槽宽、孔壁倾斜率、槽孔孔底淤积厚度与平整度进行检查验收。

3.清孔换浆

采用钻头扰动、砂石泵抽吸或其他方法清孔，抽吸出的泥浆经净化后，再回到槽孔，将孔内含有大量砂粒和岩屑的泥浆换成新鲜泥浆。将孔段已浇筑混凝土弧面上附着的黏稠泥浆、岩屑冲洗干净。

造孔完毕后的孔内泥浆，常含有过量的土石渣，影响混凝土与基岩的连接，因此，必须清孔换浆，以保证混凝土浇筑的质量。清孔换浆的要求为孔底淤积厚度≤10 cm，泥浆比重≤1.3，黏度≤30 s，含砂量<15%，且清孔换浆后4h内应开始浇筑混凝土。

第二节 灌浆工程施工

一、基岩灌浆

（一）基岩灌浆的分类

一般需要分别进行帷幕灌浆、固结灌浆和接触灌浆处理。

1.帷幕灌浆

布置在靠近上游迎水面的坝基内，形成一道连续的防渗幕墙。其目的是减少坝基的渗流量，降低坝底渗透压力，保证基础的渗透稳定。帷幕灌浆的深度主要由作用水头及地质条件等确定，较之固结灌浆要深得多，有些工程的帷幕深度超过百米。在施工中，通常采用单孔灌浆，所使用的灌浆压力比较大。

帷幕灌浆一般安排在水库蓄水前完成，这样有利于保证灌浆的质量。由于帷幕灌浆的工程量较大，与坝体施工在时间安排上有矛盾，所以通常安排在坝体基础灌浆廊道内进行。这样既可实现坝体上升与基岩灌浆同步进行，又为灌浆施工具备了一定厚度的混凝土压重，有利于提高灌浆压力、保证灌浆质量。对于高坝的帷幕灌浆，常常要深入两岸坝肩较大范围岩体中，一般需要在两岸分层开挖灌浆平洞。许多工程在坝基与两岸山体中形成地下灌浆帷幕，其面积较之可见的坝体挡水面要大得多。

2.固结灌浆

其目的是提高基岩的整体性与强度，并降低基础的透水性。当基岩地质条件较好时，一般可在坝基上、下游应力较大的部位布置固结灌浆孔；在地质条件较差而坝体较高的情况下，则需要对坝基进行全面的固结灌浆，甚至在坝基以外上、下游一定范围内也要进行固结灌浆。灌浆孔的深度一般为 5 ~ 8 m，也有深达 15 ~ 40 m 的，各孔在平面上呈网格交错布置。通常采用群孔冲洗和群孔灌浆。

固结灌浆宜在一定厚度的坝体基层混凝土上进行，这样可以防止基岩表面冒浆，并采用较大的灌浆压力，提高灌浆效果，同时也兼顾坝体与基岩的接触灌浆。如果基岩比较坚硬、完整，为了加快施工进度，也可直接在基岩表面进行无混凝土压重的固结灌浆。在基层混凝土上进行钻孔灌浆，必须在相应部位混凝土的强度达到50%设计强度后，方可开始。或者先在岩基上钻孔，预埋灌浆管，待混凝土浇筑到一定厚度时再灌浆。同一地段的基岩灌浆必须按先固结灌浆后帷幕灌浆的顺序进行。

3.接触灌浆

其目的是加强坝体混凝土、坝基或岸肩之间的结合能力，提高坝体的抗滑稳定性。

一般是通过混凝土钻孔压浆或预先在接触面上埋设灌浆盒及相应的管道系统。也可结合固结灌浆进行。接触灌浆应安排在坝体待混凝土达到稳定温度以后进行，以利于防止混凝土收缩产生拉裂。

灌浆技术不仅大量运用于大坝的基岩处理，而且也是进行水工隧洞围岩固结、衬砌回填、超前支护，混凝土坝体接缝及建（构）筑物补强、堵漏等方面的主要措施。

（二）灌浆材料

灌浆材料基本上可分为两类：一类是固体颗粒的灌浆材料，如水泥、黏土、砂等。用固体颗粒浆材制成的浆液，其颗粒处于分散的悬浮状态，是悬浮液。另一类是化学灌浆材料，例如环氧树脂、聚氨酯、甲凝等。由化学浆材制成的浆液是真溶液。

岩石地基固结灌浆和帷幕灌浆均以水泥浆液为主，如遇到一些特殊地质条件，如断层、破碎带、微细裂隙等，当使用水泥浆液难以达到预期效果时，方采用化学灌浆材料作为补充，而且化学灌浆多在水泥灌浆基础上进行。砂砾石地基帷幕灌浆则多以水泥黏土浆为主。

1.浆液的选择

在地基处理灌浆工程中，浆液的选择非常重要，在很大程度上直接关系到帷幕的防渗效果、地基岩石在固结灌浆后的力学性能，以及工程费用。因此研究灌浆材料及其配浆工作一直是灌浆工程中的一个重要课题。通过多年来的试验研究和工程实践，在这方面取得了很大成绩。

由于灌浆的目的和地基地质条件的不同，组成浆液的基本材料和浆液中各种材料的配合比例也有很大的变化。在选择灌注浆液时，一般满足以下要求：

（1）浆液在受灌的岩层中应具有良好的可灌性，即在一定的压力下，能灌入到受灌岩层的裂隙、孔隙或空洞中，充填密实。这对微细裂隙岩石尤为重要。

（2）浆液硬化成结石后，具有良好的防渗性能、必要的强度和黏结力。帷幕灌浆在长期高水头作用下，应能保持稳定，不受冲蚀，耐久性强；固结灌浆则应能满足地基安全承载和稳定的要求。

（3）为便于施工和增大浆液的扩散范围，浆液须具有良好的流动性。

（4）浆液应具有较好的稳定性，析水率低。

基岩灌浆以水泥灌浆最普遍。灌入基岩的水泥浆液，由水泥与水按一定配比制成，水泥浆液呈悬浮状态。水泥灌浆具有灌浆效果可靠、灌浆设备与工艺比较简单、材料成本低廉等优点。

水泥浆液所采用的水泥品种，应根据灌浆目的和环境水的侵蚀作用等因素确定。一般情况下，可采用不低于42.5的普通硅酸盐水泥或硅酸盐大坝水泥，如有耐酸要求时，选用抗硫酸盐水泥。矿渣水泥与火山灰质硅酸盐水泥由于其析水快、稳定性差、早期强度低等缺点，一般不宜使用。

水泥颗粒的细度对于灌浆的效果有较大影响。水泥颗粒越细，越能够灌入细微的裂隙中，水泥的水化作用也越完全。对于帷幕灌浆，对水泥细度的要求为通过80μm方孔筛的筛余量不大于5%。灌浆用的水泥要符合质量标准，不得使用过期、结块或细度不符合要求的水泥。

对于岩体裂隙宽度小于200 mm的地层，普通水泥制成的浆液一般难于灌入。为了提高水泥浆液的可灌性，许多国家陆续研制出各类超细水泥，并在工程中得到广泛采用。超细水泥颗粒平均粒径约为4μm，比表面积为8000 cm²/g，它不仅具有良好的可灌性，同时在结石体强度、环保及价格等方面都具有优势，特别适合细微裂隙基岩的灌浆。

在水泥浆液中掺入一些外加剂（如速凝剂、减水剂、早强剂及稳定剂等），可以调节或改善水泥浆液的一些性能，满足工程对浆液的特定要求，提高灌浆效果。外加剂的种类及掺入量应通过试验确定。有时为了灌注大坝基础中的细砂层，也常采用化学灌浆材料。

2.浆液类型

（1）水泥浆

水泥浆的优点是胶结情况好，结石强度高，制浆方便。缺点是：水泥价格高；颗粒较粗，细小孔隙不易灌入；浆液稳定性差，易沉淀，常会过早地将某些渗透断面堵塞，因而影响灌浆效果；灌浆时间较长时，易将灌浆器胶结住，难以起拔。灌注水泥浆时，其配比也常分为10∶1、5∶1、3∶1、2∶1、1.5∶1、1∶1、0.8∶1、0.6∶1、0.5∶1等九个比级，也可采用稍少一些的比级。灌浆开始时，采用最稀一级的浆液，以后根据砂砾石层单位吸浆量的情况，逐级变浓。

（2）水泥黏土浆

水泥黏土浆是一种最常使用的浆液，国内外大坝砂砾石层灌浆绝大多数都是采用这种浆液，其主要优点是：稳定性好；能灌注细小孔隙；而且天然黏土材料较多，可就地取材，费用比较低廉；防渗效果也好。国内有的学者曾对砂砾石层灌浆帷幕的渗透破坏机理做过研究，认为了提高砂砾石层灌浆帷幕的稳定性，防止细颗粒流失和产生管涌，关键是要设法降低帷幕本身的透水性，而不是提高浆液结石的强度，因而没有必要在浆液中过多地提高水泥含量。一般认为，浆液结石28d的强度如果达到（4 ~ 5）×10N/cm²，即可满足要求。

水泥黏土浆中水泥和黏土的比例多为：水泥：黏土＝1：1 ~ 1：4（质量比），浆液浓度范围多为干料：水＝1：1 ~ 1：3（质量比）。

有的大坝通过灌浆试验，对灌注的水泥黏土浆液提出下列控制指标：①浆液结石28d龄期的强度不小于（3 ~ 5）×10N/cm²；②浆液黏度不超过60 s；③浆液稳定性应小于0.02；④浆液自由析水率应小于2%，可供参考。

对于多排孔构成的帷幕，在边排孔中，宜采用水泥含量较高的浆液；中间排孔中，则可采用水泥含量较低的浆液。

当灌注水泥黏土浆时，从灌浆开始直至结束，多采用一种固定比例的水泥黏土浆，灌浆过程中不再变换。但也有少数工程，灌浆开始时，使用稀浆，以后逐级变浓，例如岳城水库大坝基础帷幕灌浆就是采用了这样的方法。

水泥黏土浆浆液浓度若是分级时，比较常使用的方法是：浆液中水泥与黏土的掺量比例固定不变，而用加水量的多少来调制成不同浓度的浆液。

（3）黏土浆

黏土浆胶结慢、强度低，多用于砂砾石层较浅，承受水头也不大的临时性小型防渗工程，如白莲河坝围堰砂砾石层基础的防渗帷幕就是采用黏土浆进行灌注的。但也有不分大坝，其基础防渗帷幕基本上是采用黏土浆进行灌注的。

（4）水泥黏土砂浆

为了有效地堵塞砂砾石层中的大孔隙，当吸浆量很大，采用上述浆液难以奏效时，有时在水泥黏土浆中掺入细砂，掺量的多少，视具体情况而定。这种浆液仅用于处理特殊地层，一般情况下不常采用。

（5）硅酸盐浆液、丙凝、聚氨酯及其他灌浆材料

为了进一步降低帷幕的渗透性，有一些大坝的防渗帷幕在使用水泥黏土浆灌注后，再用硅酸盐浆液或丙凝进行附加灌浆。如阿斯旺大坝、马特马克大坝和谢尔庞桑大坝在灌注了水泥黏土浆后，又用硅酸盐浆液进行了附加灌浆。哥伦比亚河上的洛克利奇坝在灌注水泥黏土浆后，又加灌了AM-9（丙凝）浆液。

（三）水泥灌浆的施工

任一工程的坝基灌浆处理，在施工前一般须进行现场灌浆试验。通过试验，可以了解坝基的可灌性，确定合理的施工程序，施工工艺及灌浆参数等，为进行灌浆设计与编制施工技术文件提供主要依据。

下面主要介绍基岩灌浆施工中的主要环节与技术，包括钻孔、钻孔（裂隙）冲洗、压水试验、灌浆的方法与工艺、灌浆的质量检查等。

1.钻孔

帷幕灌浆的钻孔宜采用回转式钻机、金刚石钻头或硬质合金钻头，其钻进效率较高，不受孔深、孔向、孔径和岩石硬度的限制，还可钻取岩芯。钻孔的孔径一般在 75 ~ 91 mm。固结灌浆则可采用各种合适的钻机与钻头。

钻孔的质量对灌浆效果影响很大。钻孔质量包括：①确保孔深、孔向、孔位符合设计；②力求孔径上下均一，孔壁平顺；③钻进过程中产生的岩粉细屑较少。孔径均一，孔壁平顺，则灌浆栓塞能够卡紧卡牢，灌浆时不致产生返浆。钻进过程中产生过多的岩粉细屑，容易堵塞孔壁的缝隙，影响灌浆质量。

钻孔方向和钻孔深度是保证帷幕灌浆质量的关键。如果钻孔方向发生偏斜，钻孔深度达不到要求，则通过各钻孔所灌注的浆液，不能联成一体，将形成漏水通路。

孔深的控制可根据钻杆钻进的长度推测。孔斜的控制相对比较困难，特别是钻设斜孔，掌握钻孔方向更加困难。在工程实践中，按钻孔深度的不同规定了对钻孔偏斜的容许偏差值。当深度大于 60 m 时，则容许的偏差不应超过钻孔间距。钻孔结束后，应对孔深、孔斜和孔底残留物进行检查，不符合要求的应采取补救处理措施。

2.钻孔（裂隙）冲洗

钻孔后，进入冲洗阶段。冲洗工作通常分为：①钻孔冲洗，要将残存在孔底和黏滞在孔壁的岩粉铁屑等冲洗出来；②岩层裂隙冲洗，将岩层裂隙中的充填物冲洗出孔外，以便浆液进入到腾空的空间，使浆液结石与基岩胶结成整体。在断层、破碎带、宽大裂隙和细微裂隙等复杂地层中灌浆，冲洗的质量对灌浆效果影响极大。

一般采用灌浆泵将水压入孔内循环管路进行冲洗。将冲洗管插入孔内，用阻塞器将孔口堵紧，用压力水冲洗。也可采用压力水和压缩空气混合冲洗的方法。

钻孔冲洗时，将钻杆下到孔底，再从钻杆通入压力水进行冲洗。冲孔时流量要大，孔内回水的流速足以将残留在孔内岩粉铁末冲出孔外。冲孔一直要进行到回水澄清5～10 min才结束。

岩层裂隙冲洗有单孔冲洗和群孔冲洗两种。

在岩层比较完整，裂隙比较少的地方，可采用单孔冲洗。冲洗方法有高压压水冲洗、高压脉动冲洗、扬水冲洗和群孔冲洗。

（1）高压压水冲洗

整个冲洗过程均在高压下进行，以便将裂隙中的充填物沿着加压的方向推移和压实。冲洗压力可以采用同段灌浆压力的70%～80%，但当水压大于1 MPa时，采用1 MPa。当回水洁净，流量稳定20 min就可停止冲洗；有的工程则根据冲洗试验中得出的升压降压过程和流量的关系，来判断岩层裂隙冲洗后透水性增值情况。在同一级压力下，降压时的流量和升压时的流量相差越大，则透水性增值越大，说明冲洗效果越好。

（2）高压脉动冲洗

高压脉动冲洗就是用高压水、低压水反复冲洗。先用高压水冲洗，冲洗压力采用灌浆压力的80%，经5～10 min以后，孔口压力在几秒钟内突然降低到零，形成反向脉冲水流，将裂隙中的碎屑带出。通过不断升降压循环，对裂隙进行反复冲洗，直到回水洁净，最后延续10～20 min后就可结束冲洗。

（3）扬水冲洗

对于地下水位较高，地下水补给条件良好的钻孔，可采用扬水冲洗。冲洗时先将管子下到孔底部，上端接风管，通入压缩空气。孔中水气混合以后，由于相对密度减轻，在地下水压力作用下，再加上压缩空气的释压膨胀与返流作用，挟带着孔内的碎屑杂物喷出孔外，如果孔内水位恢复较慢，则可向孔内补水，间歇地扬水，直到将孔洗净为止。如宁夏青铜峡工程曾用此法冲洗断层破碎带，其效果比高压水冲洗要好。

（4）群孔冲洗

群孔冲洗一般适用于岩层破碎，节理裂隙比较发育且在钻孔之间互相串通的地层中。它是将两个以上的钻孔组成一个孔组，轮换地向一个孔或几个孔压进压力水或压力水混合压缩空气，从另外的孔排出污水，这样反复交替冲洗，直到各个孔出水洁净为止。

群孔冲洗时，孔深方向冲洗段的划分不宜过长。否则，冲洗段内钻孔通过裂隙条数增多，这样不仅可以分散冲洗压力和冲洗水量，并且一旦有部分裂隙冲通以后，水量将相对集中在这几条裂隙中流动，使其他裂隙得不到有效的冲洗。

为了提高冲洗效果，有时可在冲洗液中加入适量的化学剂，如碳酸钠、碳酸氢钠等，以利于促进泥质充填物的溶解。加入化学剂的品种和掺量，宜通过试验确定。

采用高压水或高压水气冲洗时，要注意观测，防止冲洗范围内岩层的抬动和变形。

3.压水试验

在冲洗完成并开始灌浆施工前，一般要对灌浆地层进行压水试验。压水试验的主要目的是测定地层的渗透特性，为岩基的灌浆施工提供基本技术资料。压水试验也是检查地层灌浆实际效果的主要方法。

压水试验的原理：在一定的水头压力下，通过钻孔将水压入孔壁四周的缝隙中，根据压入的水量和压水的时间，计算出代表岩层渗透特性的技术参数。

一般可采用单位吸水量 W 来表示岩层的渗透特性。所谓单位吸水量，就是在单位时间内，单位水头压力作用下压入单位长度试验孔段内的水量。试验孔段长度和灌浆长度一致，一般为 5~6 m。

灌浆施工时的压水试验，使用的压力通常为同段灌浆压力的80%。但一般不大于 1 MPa。试验时，可在预定压力之下，每隔 5 min 记录一次流量读数，直到流量稳定 30~60 min，取最后的流量作为计算值。

对于构造破碎带、裂隙密集带、岩层接触带和岩溶洞穴等透水性较强的岩层，应根据具体情况确定试验的长度。同一试段不宜跨越透水性相差悬殊的两种岩层，这样所获得的试验资料才具有代表性。如果地层比较单一完整，透水性又较小时，试段长度可适当延长，但不宜超过 10 m。

另外，对于有岩溶泥质充填物和遇水性能恶化的地层，在灌浆前可以不进行裂隙冲洗，也不宜做压水试验。

4.灌浆的方法与工艺

为了确保岩基灌浆的质量，必须注意以下问题：

（1）钻孔灌浆的次序

基岩的钻孔与灌浆应遵循分序加密的原则进行。一方面，可以提高浆液结石的密实性；另一方面，通过后灌序孔透水率和单位吸浆量的分析，可推断先灌序孔的灌浆效果，同时还有利于减少相邻孔串浆现象。

无混凝土盖重固结灌浆，钻孔的布置分为规则布孔和随机布孔两组。规则布孔形式分为正方形布孔和梅花形布孔两种。正方形布孔分为三道工序施工。随机布孔形式为梅花形布孔。断层构造岩可采用三角形加密或梅花形加密布置。

有盖重固结灌浆，钻孔布置按正方形和三角形布置。正方形中心布置加密灌浆孔，在试区四周布置物探孔，在正方形孔区设静弹模测试孔。断层地区采用梅花形布孔，并布设弹性波测试孔和静弹模测试孔。

对于岩层比较完整、孔深 5 m 左右的浅孔固结灌浆，可以采用两序孔进行钻灌作业；孔深 5 m 以上的中深孔固结灌浆，则采用三序孔施工为宜。固结灌浆最后序孔的孔距和排距与基岩地质情况及应力条件等有关，一般在 3 ~ 6 m。

（2）注浆方式

按照灌浆时浆液灌注和流动的特点，灌浆方式有纯压式和循环式两种。对于帷幕灌浆，应优先采用循环式。

纯压式灌浆就是一次将浆液压入钻孔，并扩散到岩层缝隙中。灌注过程中，浆液从灌浆机向钻孔流动，不再返回。这种方法设备简单，操作方便，但浆液流动速度较慢，容易沉淀，造成管路与岩层缝隙的堵塞，影响浆液扩散。纯压式灌浆多用于吸浆量大，有大裂隙存在，孔深不超过 15 m 的情况。

循环式灌浆，灌浆机把浆液压入钻孔后，浆液一部分被压入岩层缝隙中，另一部分由回浆管路返回拌浆筒中。这种方法一方面可使浆液保持流动状态，减少浆液沉淀；另一方面，可以根据进浆和回浆浆液比重的差别来了解岩层吸收情况，并作为判定灌浆结束的一个条件。

（3）钻灌方法

按照同一钻孔内的钻灌顺序，有全孔一次钻灌和全孔分段钻灌两种方法。

全孔一次钻灌是将灌浆孔一次钻到全深，并沿全部孔深进行灌浆。这种方法施工简便，多用于孔深不超过 6 m，地质条件比较良好，基岩比较完整的情况。全孔分段钻灌又分为自上而下法、自下而上法、综合灌浆法及孔口封闭灌浆法等。

（4）灌浆压力和浆液稠度的控制

在灌浆过程中，合理地控制灌浆压力和浆液稠度是提高灌浆质量的重要保证。

灌浆过程中灌浆压力的控制基本上有两种类型，即一次升压法和分级升压法。

①一次升压法。灌浆开始后，一次将压力升高到预定的压力，并在这个压力作用下，灌注由稀到浓的浆液。当每一级浓度的浆液注入量和灌注时间达到一定限度以后，就变换浆液配比，逐级加浓。随着浆液浓度的增加，裂隙被逐渐充填，浆液注入率将逐渐减少，当达到结束标准时，结束灌浆，这种方法适用于透水性不大，裂隙不甚发育，岩层比较坚硬完整的地方。

②分级升压法。将整个灌浆压力分为几个阶段，逐级升压直到预定的压力。从最低一级压力起灌，当浆液注入率减少到规定的下限时，将压力升高一级，如此逐级升压，直到预定压力。

分级升压法的压力分级不宜过多，一般以三级为限，如分为0.4 P、0.7 P及P三级，P为该灌浆段预定的灌浆压力。浆液注入率的上、下限，视岩层的透水性和灌浆部位、灌浆次序而定，通常上限可定为80～100 L/min，下限定为30～40 L/min。在遇到岩层破碎透水性很大或有渗透途径与外界连通的孔段时，可采用分级升压法，如果遇到大的孔洞或裂隙，则应按特殊情况处理。处理的原则一般是低压浓浆，间歇停灌，直到规定的标准结束灌浆。待浆液凝固以后再重新钻开，进行复灌，以确保灌浆质量。

灌浆过程中，还必须根据灌浆压力或吸浆率的变化情况，适时地调整浆液的稠度，使岩层的大小缝隙既能灌饱又不浪费。浆液稠度按先稀后浓的原则控制，这是由于稀浆的流动性较好，宽细裂隙都能进浆，使细小裂隙先灌饱，而后随着浆液稠度逐渐变浓，其他较宽的裂隙也能逐步得到良好的充填。对于帷幕灌浆的浆液配比即水灰比，一般可采用5 : 1、3 : 1、2 : 1、1 : 1、0.8 : 1、0.6 : 1、0.5 : 1七个比级。

（5）灌浆的结束条件和封孔

灌浆的结束条件，一般用两个指标来控制：一个是残余吸浆量，又称最终吸浆量，即灌到最后的限定吸浆量；另一个是闭浆时间，即在残余吸浆量的情况下保持设计规定压力的延续时间。

帷幕灌浆时，在设计规定的压力之下，灌浆孔段的浆液注入率小于0.4L/min时，再持续灌注60 min（自上而下法）或30 min（自下而上法）；或浆液注入率不大于1.0L/min时，继续灌注90 min或60 min，就可结束灌浆。对于固结灌浆，其结束标准是浆液注入率小于0.4L/min，延续时间30 min，灌浆可以结束。

灌浆结束以后，应随即将灌浆孔清理干净。对于帷幕灌浆孔，宜采用浓浆灌浆法填实，再用水泥砂浆封孔；对于固结灌浆，孔深 10 m 时，可采用机械压浆法进行回填封孔，即通过深入孔底的灌浆管压入浓水泥浆或砂浆，顶出孔内积水，随浆面的上升，缓慢提升灌浆管。当孔深大于 10 m 时，其封孔与帷幕孔封孔相同。

5.灌浆的质量检查

（1）质量评定

灌浆质量的评定，是以检查孔压水试验成果为主，结合对竣工资料测试成果的分析进行综合评定。每段压水试验压力值满足规定要求即为合格。

（2）检查孔位置的布设

①一般在岩石破碎、断层、裂隙、溶洞等地质条件复杂的部位，注入量较大的孔段附近、灌浆情况不正常，以及经分析资料认为对灌浆质量有影响的部位。②检查孔在该部位灌浆结束 3 ~ 7d 后就可进行。采用自上而下分段进行压水试验，压水压力为相应段灌浆压力的 80%。检查孔数量为灌浆孔总数的 10%，每一个单元至少应布设一个检查孔。

（3）压水试验结束

检查孔压水试验结束后，按技术要求进行灌浆和封孔，检查孔常采用岩心采取率进行描述。

（4）压水试验检查

压水试验检查，坝体混凝土和基岩接触段及其下一段的合格率应为 100%，以下各段的合格率应在 90% 以上，不合格段透水率值不得超过设计规定值的 100%，且不集中，灌浆质量可认为合格。

（5）抽样检查

对封孔质量宜进行抽样检查。

（四）化学灌浆

化学灌浆是在水泥灌浆基础上发展起来的新型灌浆方法。它是将有机高分子材料配制成的浆液灌入地基或建筑物的裂缝中，经胶凝固化以后，达到防渗、堵漏、补强、加固的目的。

化学灌浆在基岩处理中，是作为水泥灌浆辅助手段的。它主要用于以下情况：裂隙与空隙细小（0.1 mm以下）颗粒材料不能灌入；对基础的防渗或强度有较高要求；渗透水流的速度较大，其他灌浆材料不能封堵等情况。

1.化学浆液的特性

化学灌浆材料有很多品种，每种材料都有其特殊的性能，按灌浆的目的可分为防渗堵漏和补强加固两大类。属于前者的有水玻璃、丙凝类、聚氨酯类等，属于后者的有环氧树脂类、甲凝类等。总体说来，化学浆液有以下特性：

（1）化学浆液的黏度低，有的接近于水，有的比水还小，其流动性好，可灌性高，可以灌入水泥浆液灌不进去的细微裂隙中。

（2）化学浆液的聚合时间（或称胶凝时间、固化、硬化时间）可以比较准确地控制，从几秒到几十分钟，有利于机动灵活地进行施工控制。

（3）化学浆液聚合后的聚合体，渗透系数很小，一般为10.6 ~ 10.8 cm/s，几乎是不透水的，防渗效果特别好。

（4）有些化学浆液聚合体本身的强度及黏结强度比较高，可承受高水头，如用于加固补强的甲凝、环氧树脂等，而聚氨酯对防渗与加固都有作用。只有丙凝、铬木素的抗压强度低。因此，丙凝、铬木素只能用于防渗堵漏。

（5）化学灌浆材料聚合体的稳定性和耐久性均较好，能抗酸、抗碱及抗微生物的侵蚀。但一般高分子化学材料都存在有老化问题。

（6）化学灌浆材料都有一定毒性，在配制、施工过程中要十分注意防护，并且防止对环境的污染。

2.化学灌浆的施工

由于化学材料配制的浆液是真溶液，不存在粒状灌浆材料所存在的沉淀问题，所以化学灌浆都采用纯压式灌浆。

化学灌浆的钻孔和清洗工艺及技术要求与水泥灌浆基本相同，也遵循分序加密的原则。

化学灌浆的方法，按浆液的混合方式区分，有单液法灌浆和双液法灌浆。一次配制成的浆液或两种浆液组分在泵送灌注前先行混合的灌浆方法称为单液法。两种浆液组分在泵送后才混合的灌浆方法称为双液法。前者施工相对简单，在工程上使用较多。

为了保持连续供浆，现在多采用电动式比例泵提供压送浆液的动力。比例泵是专用的化学灌浆设备，由两个出浆量能够任意调整，可实现按设计比例压浆的活塞泵构成。对于小型工程和个别补强加固的部位，也可采用手压泵。

二、砂砾石地层灌浆

在砂砾石地层上修建水工建筑物，也可采用灌浆方法来建造防渗帷幕。其主要优点是灌浆帷幕对基础的变形具有较好的适应性，施工的灵活性大，较其他方法，更适合于在深厚砂砾石地层施工。

砂砾石地层具有结构松散、孔隙率大、渗透性强的特点，在地层中成孔较困难，与基岩有很大差别。因此，在砂砾石地层中灌浆，有一些特殊的技术要求与施工工艺。

（一）砂砾石地基的可灌性

砂砾石地基的可灌性是指砂砾石地层能否接受灌浆材料灌入的一种特性。它是决定灌浆效果的先决条件。砂砾石地基的可灌性主要决定于地层的颗粒级配、灌浆材料的细度、灌浆压力、灌浆稠度及灌浆工艺等因素。

（二）砂砾石地层的灌浆材料

岩基灌浆以水泥灌浆为主，而砂砾石地层的灌浆，一般以采用水泥黏土浆为宜。因为在砂砾石地层中灌浆，多限于修筑防渗帷幕，对浆液结石强度要求不高，28d强度0.4 ~ 0.5 MPa就可满足要求，而对帷幕体的渗透系数则要求在 10^{-4} ~ 10^{-6} cm/s以下。

配制水泥黏土浆所使用的黏土，要求遇水以后，能迅速崩解分散，吸水膨胀，具有一定的稳定性和黏结力。

浆液的配比，水泥与黏土的比例为1：4 ~ 1：1（质量比），水和干料的比例多在1：1 ~ 3：1（质量比）。有时为了改善浆液的性能，可掺加少量的膨润土或其他外加剂。

水泥黏土浆的稳定性与可灌性指标均比纯水泥浆优越，费用也低廉，其缺点是析水率低，排水固结时间长，浆液结石强度低，抗渗性及抗冲性较差。

有关灌浆材料的选用、浆液配比的确定，以及浆液稠度的分级等问题，应根据地层特性与灌浆设计要求，通过室内外的试验来确定。

（三）砂砾石地层的钻灌方法

砂砾石地层的钻孔灌浆方法有打管灌浆、套管灌浆、循环钻灌、预埋花管灌浆等。分别介绍如下：

1.打管灌浆法

打管灌浆就是将带有灌浆花管的厚壁无缝钢管，直接打入受灌地层中，并利用它进行灌浆。其施工程序是：先将钢管打入到设计深度，再用压力水将管内冲洗干净，然后用灌浆泵进行压力灌浆，或利用浆液自重进行自流灌浆。灌完一段以后，将钢管拔起一个灌浆段高度，再进行冲洗和灌浆，如此自下而上，拔一段灌一段，直到结束。

这种方法设备简单，操作方便，适用于砂砾石层较浅、结构松散、颗粒不大、容易打管和起拔的场合。用这种方法灌成的帷幕，防渗性能较差，多用于临时性工程，如围堰。

2.套管灌浆法

套管灌浆的施工程序是：一边钻孔，一边跟着下护壁套管；或者一边打设护壁套管，一边冲淘管内的砂砾石，直到套管下到设计深度。然后将孔内冲洗干净，下入灌浆管，起拔套管到第一灌浆段顶部，安好止浆塞，对第一段进行灌浆。

如此自下而上，逐段提升灌浆管和套管，逐段灌浆，直到结束。

采用这种方法灌浆，由于有套管护壁，不会产生坍孔埋钻等事故。但是，在灌浆过程中，浆液容易沿着套管外壁向上流动，甚至产生地表冒浆。如果灌浆时间较长，则又会胶结套管，造成不好起拔的困难。近年来已较少采用套管法进行灌浆。

3.循环钻灌法

这是一种我国自创的灌浆方法。实质上是一种自上而下，钻一段灌一段，无须待凝，钻孔与灌浆循环进行的施工方法。钻孔时用黏土浆或最稀一级水泥黏土浆固壁。钻孔长度，也就是灌浆段的长度，视孔壁稳定和砂砾石层渗漏程度而定，容易坍孔和渗漏严重的地层，分段短一些；反之，则长一些，一般为 1 ~ 2 m。灌浆时可利用钻杆做灌浆管。

用这种方法灌浆，应做好孔口封闭，以防止地面抬动和地表冒浆，并有利于提高灌浆质量。

4.预埋花管灌浆法

这种方法在国际上比较通用。其施工程序如下：

（1）用回转式或冲击式钻机钻孔，跟着下护壁套管，一次直达孔的全深。

（2）钻孔结束后，立即进行清孔，清除孔底残留的石渣。

（3）在套管内安设花管。花管的直径一般为73～108 mm，沿管长每隔33～50 cm钻一排（3～4个）射浆孔，孔径1 cm，射浆孔外面用橡皮圈箍紧。花管底部要封闭严密牢固。安设花管要垂直对中，不能偏在套管的一侧。

（4）在花管与套管之间灌注填料，边下填料，边起拔套管，连续灌注，直到全孔填满套管拔出为止。填料由水泥、黏土和水配制而成。其配比范围为水泥∶黏土＝1∶2～1∶3；干料∶水＝1∶1～1∶3。国外工程所用的填料多为水泥亚黏土浆。

（5）填料要待凝5～15d，达到一定强度，紧密地将花管与孔壁之间的环形圈封闭起来。

（6）在花管中下入双栓灌浆塞，灌浆塞的出浆孔要对准花管上准备灌浆的射浆孔，然后用清水或稀浆压开花管上的橡皮圈，压穿填料，形成通路，为浆液进入砂砾石层创造条件，称为开环。开环以后，继续用稀浆或清水灌注5～10 min，然后再开始灌浆。每排射浆孔就是一个灌浆段。灌完一段，移动双栓灌浆塞，使其出浆孔对准另一排射浆孔，进行另一灌浆段的开环与灌浆。

用预埋花管法灌浆，由于有填料阻止浆液沿孔壁和管壁上升，很少发生冒浆、串浆现象，灌浆压力可相对提高。另外，由于双栓灌浆塞的构造特点，灌浆比较机动灵活，可以重复灌浆，对确保灌浆质量是有利的。这种方法的缺点是花管被填料胶结以后，不能起拔，耗用管材较多。

第三节　基岩锚固工程施工

一、锚固分类

锚固按结构形式分为四大类，即锚桩、锚洞、喷锚护坡及预应力锚索（锚固）。

（一）锚桩

锚桩也叫抗滑桩，是利用刚性桩身的抗剪、抗弯强度防止滑动，此法的适用条件应是有明显的滑动面，并且其下盘坚强稳定。按所用材料的不同可分为以下三种：

1.钢盘混凝土桩

通过滑动面在上、下岩盘中打一桩孔，然后在孔中浇筑钢筋混凝土即成。桩身埋入盘的深度，为桩全长的1/3～1/2。桩孔成孔法分人工挖孔和大直径钻机钻孔两种。

人工挖孔直径一般为2 m×2 m或2 m×3 m，桩长为10～20 m。

采用大口径钻机，钻成1 m以上的孔径后，浇筑钢筋混凝土。

2.钢管桩

即先用大口径钻机成孔，然后将钢管下入孔在管内浇筑混凝土，或先在管内插入大型工字钢后，再在管的内外，同时浇灌混凝土。

3.钢桩

用钻机钻孔，孔径为130 mm左右，成孔后，浇灌水泥砂浆并立即插入型钢组或钢棒组，并在桩间做固结灌浆，使桩与桩之间联结成为整体，以提高锚固效果。

（二）锚洞

锚洞是锚桩的一种特殊形式，即在上、下盘之间的滑动面内开挖一个水平向岩洞，或者利用已有的洞浇注的混凝土形成卡在上下盘之间的抗滑键，一般无须配钢筋，利用此混凝土键抗滑。

（三）喷锚护坡

喷锚支护是喷混凝土支护、锚杆支护、喷混凝土与锚杆支护、钢筋网等不同支护的统称，喷混凝土锚杆支护是指岩石开挖后，紧随开挖面，立即喷上一层混凝土（3～5 cm），必要时加设锚杆以稳定岩石，以后再加喷混凝土至设计厚度作为永久支护。

锚杆的锚固是在设计位置钻孔，把锚杆插入孔中，先使其根部固定再在孔内灌浆，使全锚杆与岩石固结为一体，然后把露出岩体外的锚杆（称为锚头）予以固定并封住孔口。

（四）预应力锚索

预应力锚索是利用高强钢丝束或钢绞线穿过滑动面或不稳定区深入岩层深层，利用锚索体的高抗拉强度增大正向拉力，以改善岩体的力学性质，增加岩体的抗剪强度，并对岩体起加固作用，也增大了岩层间的挤压力。

在选用锚固措施时，可根据其不同的特性和适用条件，因地制宜地选用其中一种，或联合使用几种锚固措施，以期获得最佳的加固效果。

在采用减载、压坡、排水等手段尚不足以保证边坡的长期稳定性时，使用预应力锚固技术，通常是施工方便、效果明显的一种手段。

二、预应力锚索结构

预应力锚索的结构可分为三部分：内锚头、锚索和外锚头。内锚头置于稳定岩体中，通过水泥浆材和岩体紧密结合，对不稳定岩体提供锚固力。预应力锚索通常由高强度钢索组成，它一端连接内锚头，一端连接外锚头。外锚头是对岩体施加张拉力实现锚固的机械装置。按锚索的结构分类，预应力锚索又分为有黏结锚索和无黏结锚索两种。无黏结锚索的钢绞线周围带有胶套，中有防腐油剂，钢绞线可以在胶套中自由滑移。同时，在锚索体外还增加了一个塑料护套。在施工时内锚头和钢绞线周围的水泥浆材是一次灌入的，待浆材凝固后再行张拉，这样可以减少一道工序，提高工效。无黏结锚索不仅可重复张拉，而且使得大部分钢绞线都能获得防腐油剂和护套的双重保护。有黏结锚索则无相对滑动。

近期一些工程采用了对拉锚索，将内锚头直接放在山体内的排水廊道中，如三峡船闸边坡工程，内锚头不再是灌浆锚固端，而是置于廊道内的墩头锚或双向施加张拉的预应力锚。这种方案减少了约占锚索长度1/4 ~ 1/3的内锚固段，同时将排水和锚固结合起来。是一种理想的加固形式。

（一）内锚头

内锚头结构分为机械式和胶结式两种。机械式仅适用于小吨位的锚固中。为了加强胶结合效果，胶结式的内锚头通常做成"枣核"形。

内锚固段的胶结材料通常采用纯水泥浆或树脂材料。要求具有快凝、早强、对钢材无腐蚀等性能。胶结材料的强度不低于30 MPa。

水泥胶结材料是对内锚头进行自由回填的主要材料。由于火山灰水泥中含有较多的硫化物和氯化物，会导致钢绞线腐蚀，因此，建议不予使用。改善水泥浆材的稳定性和力学特性是胶结材料设计的主要内容。降低水灰比是提高胶结材料强度的最直接方法，但水灰比降低将导致水泥浆流动性降低，所以可掺入减水剂、早强剂、增强剂、膨胀剂等以满足工程实际要求。

（二）预应力钢材

当前，预应力钢材的发展趋势是高强度、粗直径、低松弛和耐腐蚀，可分为钢丝和钢筋两大类。《预应力用钢丝》中对预应力钢丝的外观与力学性能做出了规定，其抗拉强度一般要求到150～280 MPa。《水工预应力锚固设计规范》则要求钢丝或钢绞线的极限抗拉强度不小于1400 MPa。钢绞线一般用7根钢丝在绞线机上以一根钢丝为中心螺旋拧合而成。钢绞线通常用于1000 kN、1200 kN和3000 kN的预应力加固工程中。

水利水电工程中常用的钢筋包括热处理钢筋和精轧螺钢筋，后者锚头大，可直接采用螺母，具有连接可靠、锚固简单、施工方便和无须焊接等优点。

为了防止锚索材料锈蚀，《水工预应力锚固设计规范》规定使用的灌浆材料及其附加剂中不得含有硝酸盐、亚硫酸盐、硫氧酸盐。氯离子含量不得超过水泥重量的0.02%。

三、锚固施工

（一）造孔和测斜

1.造孔

每层孔位的高程用经纬仪测定，具体孔位用钢卷尺测量确定，实际孔位与设计孔位偏差不大于10 cm。钻孔方位角及倾角用地质罗盘仪测量确定，误差不得大于2%。钻孔的孔深、孔径均不得小于设计值，有效孔深的超深必须小于0.2 m。终孔后必须用高压风、水冲洗，直到孔口返出清水为止。经检查合格后，才可转入下孔钻进。当锚固段处于破碎地层时，锚孔应加深，使锚固段处于完整岩体内。

为保证工程锚固质量，尽量减少预应力沿孔壁的摩擦损失，《水工预应力锚固施工规范》要求孔斜率不得大于3%，有特殊要求时，孔斜不宜大于0.8%。应采取有效的防斜措施，防止孔斜，并及时测斜，采用合理的纠斜措施，保证孔斜精度达到规定要求。

2.测斜

锚索孔孔斜精度要求高，现有的侧斜仪精度难以满足要求。端头锚可采取将灯光置于孔底利用经纬仪施测钻孔的方位角与倾角，对穿锚钻孔也采用经纬仪两点交会法测进、出口端孔中心的坐标和高程，从而算出孔斜率。

在破碎地层造孔完成后，对锚索孔锚固段应进行吕荣法压水试验。如果透水率 $q < 11$ Lu，则不必进行固结灌浆。否则，应对该孔锚固段进行固结灌浆。

固结灌浆应分段进行，段长不宜大于8 m。施工时，按固结灌浆规程进行灌浆，在规定压力下，吸浆量不大于0.4 L/min，继续灌注30 min，即可结束。

灌浆结束48 h后进行扫孔。终孔后以高压风、水混合冲洗，直至返水变清。然后进行压水试验。如透水率满足规定要求，即可进行下道工序。如不合格，应重复上述步骤，直到满足要求为止。

完成造孔后等待下道工序的锚索孔，应做好孔口保护，防止异物、污水进入孔内。

（二）编索

1.端头锚

根据锚具、垫座混凝土和钻孔长度进行锚索下料，用机械切割机精确切割。锚索下料长度误差不应大于总长度的1/5000，且不得超过5 mm。根据锚索级别和设计要求，确定每束锚索所需钢绞线根数。将架线环，止浆环与进、回浆管，充气管与钢绞线逐一对应编号，然后对号入座。止浆环内用环氧树脂与丙酮封填密实。为防止架线环窜动，经过架线环的每根钢绞线应与架线环绑扎在一起。内锚固段每米设一个架线环，两环之间进行捆扎，使内锚段索体呈糖葫芦状，以提高锚索在锚固体中的极限握裹力。张拉段钢绞线每2 m设一个架线环。最后在锚固段顶部焊一个导向帽，并用铁线将其固定在架线环上。

2.对穿锚索编制

将钢绞线对号穿过架线环，并用无锌铅丝绑扎架线环，每5 m设一个。穿锚索上设有止浆环、充气管及进、出浆管。

3.无黏结锚索编制

无黏结端头锚固段钢绞线应先去皮清洗，再将钢绞线、止浆环与进、出浆管与架线环——对号。锚固段架线环每1 m设一个，张拉段每2 m设一个，并使内锚段索体呈糖葫芦状。无黏结对穿锚索编制与普通对穿锚索编制相同。

（三）下索

（1）将编好的锚索水平运至现场。在运输过程中，应按下列规定执行：①水平运输中，各支点间距不得大于2 m，转弯半径不宜过小，以不改变锚索结构为限；②垂直运输时，除主吊点外，其他吊点应能在锚索入孔前快速、安全脱钩；③运输、吊装过程中，应细心操作，不得损伤锚索及其防护涂层；④车辆串联的水平运输车队，应另设直接受力的连接杆件，锚索不得直接受力。

（2）锚索入孔前必须进行下列各项检验，合格后方能进行吊装安放：①锚孔内及孔口周围杂物必须清除干净；②锚索的孔号牌与锚孔孔号必须相同，并应核对孔深与锚索长度；③锚索应无明显弯曲、扭转现象；④锚索防护涂层无损伤，凡有损伤必须修复；⑤锚索中的进浆、排气管道必须畅通，阻塞器必须完好；⑥承压垫座不得损坏、变形。

（3）胶结式锚固段的施工，应符合下列规定：①向下倾斜的锚孔，当孔内无积水，并能在30 min内完成放索时，可采用先填浆后放锚索的施工方法；当孔内积水很难排尽时，可采用先放锚索后填浆的施工方法，放索后应及时填浆。②水平孔及仰孔安放锚索时，必须设置阻塞器，并采用先放索后灌浆的施工方法；阻塞器不得发生滑移、漏浆现象。

（4）机械式锚固段的锚索安放前，应检测孔径与锚具外径匹配程度。放索时锚索应顺直、均匀用力。锚索就位后应先抽动活结，使外夹片弹开嵌紧孔壁。

（5）锹头锚对穿锚索安放时，必须对锚具螺纹妥善保护，严防损伤；张拉端孔口应增设防护罩，活动锚具内外螺纹应衔接完好。

（6）分索张拉的锚索，吊装时应确保锚索平顺，全索不得扭曲，各分索不得相互交叉。钢绞线端部应绑扎牢固，锚索或测力装置应紧贴孔口垫板。

（四）垫座混凝土的浇筑

（1）垫座用钢筋混凝土浇筑，浇筑前为防止张拉过程中发生跑墩事故，必须处理孔口岩面，清除碎渣和不稳定岩块，并使孔口岩面基本垂直于钻孔轴线。对孔口大片光滑斜面，必须用手风钻处理成蜂窝状的粗糙面。

（2）锚板是将锚索的集中荷载均匀地传递到混凝土垫座的主要构件，必须安装牢固。锚板必须与锚孔轴线垂直。施工时，先将孔口管的一端与锚板正交焊接，另一端插入锚孔轴线，与孔口管中心线重合。

（3）不同的预应力锚索级别、垫座混凝土配比根据设计要求而定。垫座混凝土为正梯台状。

（4）垫座混凝土浇筑应分层振捣，每层振捣应深入下一层1/3厚度。振捣应密实周到，尤其是要注意边角部位。

（5）高温或低温季节，浇筑完成后应及时养护。夏季采用浇水降温，冬季采用保温措施。

（6）垫座混凝土浇筑后1 d拆模。垫座浇筑应做到内实外光，表面无蜂窝麻面等缺陷，如发现应及时修补。

第四节　桩基工程施工

一、钻孔灌注桩

钻孔灌注桩是用钻（冲或抓）孔机械在岩土中先钻成桩孔，然后在孔内放入钢筋笼，再灌注桩身混凝土而筑成的深基础。其特点是施工设备简单、操作方便、适应性强、承载力高、节省钢木、造价低廉，适用于各种砂性土、黏性土、碎石、卵砾石类土层和基岩层。施工前应先做试验，以取得经验。我国已施工的灌注桩，入土深度由数米到数百米，已积累了丰富的施工经验。

（一）钻孔灌注桩的类型

钻孔灌注桩按其功能分为均质土中的摩擦桩、端承于硬土的硬土桩和端承于岩石的岩石桩三种主要类型。

均质土中的摩擦桩，其承载由摩擦阻力和端承阻力两部分组成。一般具有较低的到中等承载力。均质土中的摩擦桩有时常带有扩大的底部，以增加承载力的端承分量。

在软弱和可压缩的地层中，端承于硬土的硬土桩和端承于岩石的岩石桩绝大多数作为端承构件使用。此时在软土中沿钻孔桩长度的摩阻力一般略而不计，端承桩外部荷载由底部阻力支承。

这种桩常扩大底部，形成扩底桩，以增加基础的承载力。钻孔桩也可锚进持力层，承载力是锚座周围的抗剪阻力和端承阻力之和。

（二）钻孔灌注桩的施工准备

1.灌注桩施工应具备的资料

（1）建筑物场地工程地质资料和必要的水文地质资料。

（2）桩基程施工图与图纸会审纪要。

（3）建筑场地和邻近区域内的地下管线（管道、电缆）、地下构筑物、危房、精密仪器车间等调查资料。

2.钻孔灌注桩的施工组织设计

施工组织设计应结合工程特点，有针对性地制定质量管理措施，主要包括以下内容：

（1）施工平面图。标明桩位、编号、施工顺序、水电线路和临时设施的位置；采用泥浆护壁成孔时，应标明泥浆制备设备及其循环系统、钢筋笼加工系统、混凝土拌和系统。

（2）确定成孔机械、设备与合理施工艺的有关资料，泥浆护壁灌注桩必须有泥浆处理措施。

（3）施工作业计划和劳动力组织计划。

（4）机械设备、备件、工具（包括质量检查工具）、材料供应计划。

（5）施工时，对安全、劳动保护、防火、防雨、爆破作业、环境保护等应按有关规定执行。

（6）保证工程质量、安全生产等技术措施。

（三）钻孔灌注桩的施工

1.施工前的准备工作

（1）施工现场

施工前应根据施工地点的水文、工程地质条件及机具、设备、动力、材料、运输等情况，布置施工现场。

（2）灌注桩的试验

①试验目的。选择合理的施工方法、施工工艺和机具设备；验证明桩的设计参数，如桩径和桩长等；鉴定或确定桩的承载能力和成桩质量能否满足设计要求。

②试桩施工方法。试桩所用的设备与方法，应与实际成孔成桩所用的相同；一般可用基桩做试验或选择有代表性的地层或预计钻进困难的地层进行成孔、成桩等工序的试验，着重查明地质情况，判定成孔、成桩工艺方法是否适宜；试桩的材料与截面、长度必须与设计相同。

③试桩数目。工艺性试桩的数目根据施工具体情况决定；力学性试桩的数目，一般不少于实际基桩总数的3%，且不少于2根。

④荷载试验。灌注桩的荷载试验，一般应做垂直静载试验和水平静载试验。

（3）测量放样

根据建设单位提供的测量基线和水准点，由专业测量人员制作施工平面控制网。采用极坐标法对每根桩孔进行放样。为保证放样准确无误，对每根桩必须进行三次定位，即第一次定位挖设、埋设护筒；第二次校正护筒；第三次在护筒上用十字交叉法定出桩位。

（4）埋设护筒

埋设护筒应准确稳定。护筒内径一般应比钻头直径稍大；用冲击或冲抓方法时约大20 cm，用回转法则约大10 cm。护筒一般有木质、钢质与钢筋混凝土三种材质。护筒周围用黏土回填并夯实。当地基回填土松散、孔口易坍塌时，应扩大护筒坑的挖埋直径或在护筒周围填砂浆混凝土。护筒埋设深度一般为1～15 m；对于坍塌较深的桩孔，应增加护筒埋设深度。

（5）制备泥浆

制浆用黏土的质量要求、泥浆搅拌和泥浆性能指标等，均应符合有关规定。泥浆主要性能指标：比重为1.1～1.15，黏度为10～25 s，含砂率小于6%，胶体率大于95%，失水量小于30 mL/min，pH值为7～9。

泥浆的循环系统主要包括制浆池、泥浆池、沉淀池和循环槽等。开动钻机较多时，一般采用集中制浆与供浆。用抽浆泵通过主浆管和软管向各孔桩供浆。

泥浆的排浆系统由主排浆沟、支排浆沟和泥浆沉淀池组成。沉淀池内的混浆采用泥浆净化机净化后，由泥浆泵抽回泥浆池，以方便再次利用。废弃的泥浆与渣应按环境保护的有关规定进行处理。

2.造孔

（1）造孔方法

钻孔灌注桩造孔常用的方法包括冲击钻进法、冲抓钻进法、冲击反循环钻进法、泵吸反循环钻进法、正循环回转钻进法等，可根据具体的情况进行选用。

（2）造孔

施工平台应铺设枕木和台板，安装钻机应保持稳固、周正、水平。开钻前提钻具校正孔位。造孔时，钻具对准测放的中心开孔钻进。施工中应经常检测孔径、孔形和孔斜，严格控制钻孔质量。出渣时，及时补给泥浆，保证钻孔内浆液面的泥浆稳定防止塌孔。

根据地质勘探资料、钻进速度、钻具磨损程度及抽筒排出的钻渣等情况，判断换层孔深。如钻孔进入基岩，立即用样管取样。经现场地质人员鉴定，确定终孔深度。终孔验收时，桩位孔口偏差不得大于5 cm，桩身垂直度偏斜应小于1%。当上述指标达到规定要求时，才能进入下道工序施工。

（3）清孔

①清孔的目的。清孔的目的是抽、换孔内泥浆，清除孔内钻渣，尽量减少孔底沉淀层厚度，防止桩底存留过厚沉淀砂土而降低桩的承载力，确保灌注混凝土的质量。终孔检查后，应立即清孔。清孔时应不断置换泥浆，直至灌注水下混凝土。

②清孔的质量要求。清孔的质量要求是清除孔底所有的沉淀砂土。当技术上确有困难时，允许残留少量不成浆状的松土，其数量应按合同文件的规定。清孔后灌注混凝土前，孔底500 mm以内的泥浆性能指标：含砂率为8%，比重应小于1.25，漏斗黏度不大于28 s。

③清孔方法。根据设计要求、钻进方法、钻具和土质条件决定清孔方法。常用的清孔方法有正循环清孔、泵吸反循环清孔、空压机清孔和掏渣清孔等。

3.钢筋笼制作与安装

（1）一般要求

①钢筋的种类、钢号、直径应符合设计要求。钢筋的材质应进行物理力学性能或化学成分的分析试验。

②制作前应除锈、调直（螺旋筋除外）。主筋应尽量用整根钢筋。焊接的钢材，应做可焊性和焊接质量的试验。

③当钢筋笼全长超过10 m时，宜分段制作。分段后的主筋接头应互相错开，同一截面内的接头数目不多于主筋总根数的50%，两个接头的间距应大于50 cm。接头可采用搭接、绑条或坡口焊接。加强筋与主筋间采用点焊连接，箍筋与主筋间采用绑扎方法链接。

（2）钢筋笼的制作

制作钢筋笼的设备与工具包括电焊机、钢筋切割机、钢筋圈制作台和钢筋笼成型支架等。钢筋笼的制作程序如下：

①根据设计，确定箍筋用料长度。将钢筋成批切割好备用。

②钢筋笼主筋保护层厚度一般为6 ~ 8 cm。绑扎或焊接钢筋混凝土预制块，焊接环筋。环的直径不小于10 mm，焊在主筋外侧。

③制作好的钢筋笼在平整的地面上放置，应防止变形。

④按图纸尺寸和焊接质量要求检查钢筋笼（内径应比导管接头外径大100 mm以上）。不合格者不得使用。

（3）钢筋笼的安装

钢筋笼安装用大型吊车起吊，对准桩孔中心放入孔内。如桩孔较深，钢筋笼应分段加工，在孔口处进行对接。采用单面焊缝焊接，焊缝应饱满，不得咬边夹渣。焊缝长度不小于10d（d为主钢筋的直径）。为了保证钢筋笼的垂直度，钢筋笼在孔口按桩位中心定位，使其悬吊在孔内。

下放钢筋笼应防止碰撞孔壁。如下放受阻，应查明原因，不得强行下插。一般采用正反旋转，缓慢逐步下入。安装完毕后，经有关人员对钢筋笼的位置、垂直度、焊缝质量、箍筋点焊质量等进行全面检查验收，合格后才能下导管灌注混凝土。

二、钢筋混凝土预制桩

（一）钢筋混凝土预制桩的类型

钢筋混凝土桩坚固耐久，不受地下水和潮湿变化的影响，可做成各种需要的断面和长度，而且能承受较大的荷载，在工程中应用较广。

预制钢筋混凝土桩分实心桩和管桩两种。为了便于预制，实心桩大多做成方形断面。断面一般为200 mm×200 mm至550 mm×550 mm。单根桩的最大长度根据打桩架的高度而定，目前一般在27 m以内，必要时可做到31 m。一般情况下，如须打设30 m以上的桩，则将桩预制成几段，在打桩过程中逐段接桩予以接长。管桩是在工厂内采用离心法制成，它与实心桩相比，可大大减轻桩的自重，目前工厂生产的管桩有400 mm、A550 mm（外径）等数种。

筋混凝土预制桩施工，包括预制、起吊、运输、堆放、沉桩等过程。对于这些不同的过程，应该根据工艺条件、土质情况、荷载特点予以综合考虑，以便拟出合适的施工方案和技术措施。

钢筋混凝土预制桩沉桩方式可分为锤击沉桩、振动沉桩、静力压桩和射水沉桩等数种。其中，射水沉桩仅适用于砂土层中，水的压力须达到0.55～0.7 MPa。必要时，可以用压缩空气代替压力水。

（二）锤击沉桩打桩技术

1.桩锤与桩架选择

锤击沉桩俗称打桩。为了保证沉桩质量，需要合理地选择打桩机具，做好现场准备工作，并拟定相应的技术安全措施。

打桩机具主要包括桩锤、桩架和动力装置三部分。桩锤是对桩施加冲击，把桩打入土中的主要机具。桩架的作用是将桩提升就位，并在打桩过程中引导桩的方向，以保证桩锤能沿所要求的方向冲击。动力装置包括驱动桩锤及卷扬机用的动力设备（锅炉、空气压缩机等）和管道、滑轮组和卷扬机等。

（1）桩锤选择

桩锤种类很多，有落锤、单动蒸汽锤、双动蒸汽锤、柴油打桩锤和振动桩锤等。

①落锤构造简单，使用方便，能随意调整其落锤高度，适合在黏土和含砾石较多的土中打桩，但打桩速度较慢。落锤质量一般为0.5～1.5t。

②单动蒸汽锤的冲击力较大，打桩速度较落锤快，一般适用于打木桩及钢筋混凝土桩。单动蒸汽锤重规格有3t、7t、10t、15t等数种。

③双动蒸汽锤工作效率高，一般打桩工程都可使用，并能用于打钢板及水下打桩。双动蒸汽锤的锤质量，一般为0.62～3.5t。

④柴油打桩锤设备轻便，打桩迅速，多用于打钢筋混凝土桩。这种桩锤不适合于松软土中打桩，因为当土很松软时，对于桩的下沉没有多大阻力，以致汽缸向上顶起的距离（与桩下沉中所受阻力的大小成正比）很小，当气缸再次降落时，不能保证将燃料室中的气体压缩到发火的程度，柴油打桩锤则将停止工作。柴油打桩锤分杆式和筒式两种。杆式柴油打桩锤规格有0.6t、1.2t、1.8t、2.5t、3.5t数种；筒式柴油打桩锤近年来采用较多，其规格有1.8t、2.5t、4.0t、6.0t、7.0t等。

（2）桩架选择

桩架的主要作用是在沉桩过程中保持桩的正确位置。桩架的主要部分是导杆。导杆由槽形、箱形、管形截面的刚性构件组成。多功能桩架的导杆可以前后倾斜，其底架可做3600回转，一般落锤或蒸汽锤桩架的移动是利用钢丝绳带动行驶用的钢管来实现的。

2.打桩顺序

打桩顺序是否合理，直接影响打桩进度和施工质量。

如果打桩顺序不合理，桩体附近的土朝着一个方向挤压，于是有可能使最后要打入的桩难以打入土中，或者桩的入土深度逐渐减少。这样建成的桩基础，会引起建筑物产生无效的沉降，应予以避免。

根据上述原因，当相邻桩的中心距小于4倍桩的直径时，应拟定合理的打桩顺序。如可采用逐排打设、自中部向边沿打设和分段打设等。

实际施工中，由于移动打桩架的工作繁重，因此，除了考虑上述的因素外，有时还考虑打桩架移动的方便与否来确定打桩顺序。

打桩顺序确定后，还需要考虑打桩机是往后"退打"还是往前"顶打"。因为这涉及桩的布置和运输问题。

当打桩地面标高接近桩顶设计标高时，打桩后，实际上每根桩的顶端还会高出地面，这是由于桩尖持力层的标高不可能完全一致，而预制桩又不可能设计成各不相同的长度，因此桩顶高出地面往往是难免的。在这种情况下，打桩机只能采取往后退打的方法。此时，桩不能事先都布置在地面上，只有随打随运。

当打桩后，桩顶的实际标高在地面以下时（摩擦桩一般是这样，端承桩则须采用送桩打入），打桩机则可以采取往前顶打的方法进行施工。这时，只要现场许可，所有的桩都可以事先布置好，这可以避免场内二次搬运。往前顶打时，由于桩顶都已打入地面，所以地面会留有桩孔，移动打桩机和行车时应注意铺平。

3.桩的提升就位

桩运至桩架下以后，利用桩架上的滑轮组进行提升就位（又称插桩）。即首先绑好吊索，将桩水平地提升到一定高度（为桩长的一半加0.3～0.5 m），然后提升其中的一组滑轮组使桩尖渐渐下降，从而桩身旋转至垂直于地面的位置，此时，桩尖离地面0.3～0.5 m。

桩提升到垂直状态后，即可送入桩架的龙门导杆内，然后把桩准确地安放在桩位上，随着桩和导杆相联结，以保证打桩时不发生移动和倾斜。在桩顶垫上硬木（通称"替打木"）或粗草纸，安上桩帽后，即可将桩锤缓缓落到桩顶上面，注意不要撞击。在桩的自重和锤重作用下，桩向土中沉入一定深度而达到稳定的位置。这时，再校正一次桩的垂直度，即可进行打桩。

4.打桩

用锤打桩，桩锤动量所转换的功，除去各种损耗外，还足以克服桩身与土的摩阻力和桩尖阻力，桩即沉入土中。

打桩时，可以采取两种方式：一种为"轻锤高击"；另一种为"重锤低击"。设 $Q_2=2Q_1$，而 $H_2=0.5H_1$，这两种方式即使所做的功相同（$Q_1H_1=Q_2H_2$），但所得到的效果是不同的。这可粗略地以撞击原理来说明这种现象。

轻锤高击，所得到的动量较小，而桩锤对桩头的冲击大，因而回弹大，桩头也易损坏。这些都是要较多地消耗能量的。

重锤低击，所得的动量较大，而桩锤对桩头的冲击小，因而回弹也小，桩头不易损坏，大部分能量都可以用来克服桩身与土的摩阻力和桩尖阻力，因此桩能较快地打入土中。

此外，由于重锤低击的落距小，因而可提高锤击频率。桩锤的频率高，对于较密实的土层，如砂或黏土，能较容易地穿过（但不适用于含有砾石的杂填土）。所以，打桩宜用重锤低击法。

至于桩锤的落距究竟以多大为宜，根据实践经验，在一般情况下，单动蒸汽锤以0.6 m左右为宜；柴油打桩锤不超过1.5 m；落锤不超过1.0 m为宜。

三、振冲碎石桩

（一）振冲碎石桩加固地基机理概述

振冲碎石桩是利用振动水冲法施工工艺，在地基中制成很多以石料组成的桩体。桩与原地基土共同构成复合地基，以提高地基承载力。根据所处理的地基土质的不同，可分为振冲挤密法和振冲置换法两种。在砂性土中制桩的过程对桩间土有挤密作用，称为振冲挤密。在黏土中制成的碎石桩，主要起置换作用，所以称为振冲置换。两种加固法的加固机理如下：

1.振冲挤密加固机理

振冲挤密加固砂性土地基的主要目的是提高地基土承载力、减少变形和增强抗液化性。振孔中填入的大量石料被强大的水平振动力挤入周围土中，这种强制挤密使砂土的相对密度增加，孔隙率降低，干土重度与内摩擦角增大，土的物理性能改善，使地基承载力大幅度提高。同时形成桩的碎石具有良好的反滤性，在地基中形成渗透性。良好的人工竖向排水减压渠道，可有效地消散和防止超静孔隙水压力的增高，防止砂土产生液化，加快地基的排水固结。

2.振冲置换加固机理

黏性土地基，特别是饱和软土，土的黏粒含量多，粒间结合力强，渗透性低。在振动力作用下，土中水不易排走。碎石桩的作用不是使地基挤密，而是置换。施工时通过振冲器借助其自身质量、水平振动力和高压水将黏性土变成泥浆排出孔外，形成略大于振冲器直径的孔。再向孔中灌入碎石料，并在振冲器的侧向力作用下将碎石挤入孔中，形成具有密实度高和直径大的桩体。它与黏性土构成复合地基。所制成的碎石桩是黏土地基中一个良好的排水通道，它能起到排水井的效能，并且能提高孔隙水的渗透路径，加速软土的排水固结，使地基承载力提高，沉降稳定加快。

（二）施工方法

1.施工方案

根据现场实际情况，合理布置施工机具，安排施工工序。利用工程降水井或河流清水供水，集中供电，集中排污，往复式移动作业方案，保证工程顺利进行。

2.施工步骤

（1）清除障碍物，平整场地，通水通电，合理布置排污槽、集污池、泥浆处理场地。

（2）按设计要求供应石料，要求粒径20～50 mm，最大不超过80 mm。

（3）布置桩位，中心偏差不大于3 cm。

（4）设备安装调试可结合工程桩打试验桩2～3根，了解地层情况。通过试验确定主要技术参数，如密实电流、留振时间、加密段长度、填料数量、水压、水量等。

（5）振冲器头尖部对准桩位，中心偏差不大于5 cm。启动水泵和振冲器，调整水压为0.4～0.7 MPa，水量为200～400L/min。将振冲器以1～2 m/min的速度沉入地基中，并观察振冲器电流变化。

（6）当振冲器到设计深度后，在孔口填料，用振冲器挤密。当电流达到50～60A时，上提振冲器0.2～0.5 m，再加填料振密。如此反复进行，逐段成桩。对每段桩的电流及填料数量、留振时间均要做好记录。

（7）通过排污槽将振冲过程中返出的泥浆排到集污池，再用排污泵将泥浆排到沉淀池。

3.质量控制措施

（1）造孔技术参数

电流、水压、水量的大小直接影响成桩孔径大小。应根据岩性软硬情况不断调整好造孔速度。松散中粗砂层、密实状粗砂和砾石与淤泥质土层造孔速度各不相同。

（2）成桩技术参数

加密电流、水压、水量与留振时间的选定，对成桩质量关系很大。加固淤泥质土层采用大水量、高水压成桩，含泥量少，成桩强度高。在低水压、小水量条件下成桩，孔内泥土与碎石混合，桩质量会大大降低。

（3）加密段长度控制

成桩加密段长度的控制，会直接影响到碎石桩质量。加密段过长，容易引起断桩；加密段过短，留振时间长，会扩大桩径。由于加密速度不均、段长不等将导致成桩孔径大小不均而呈葫芦状，这是应该避免的。

（4）填料数量多少对桩体密实性影响很大

相同岩性的钻孔，每延米填料应该相同。如果填料量有较大差异，必须查清原因，防止产生断桩或坍孔等质量事故。

4.质量检验

振冲碎石桩加固地基，其质量检验要等到完工后一段时间让其稳定后进行。主要检验项目有桩位偏差、桩径、桩密实度、复合地基承载力等。复合地基承载力采用静载试验、标准贯入试验和静力触探法进行检验。

第四章 爆破工程施工技术

第一节 爆破工程施工技术概述

爆破工程是指利用炸药进行土、石方开挖，基础、建筑物、构筑物的拆除或破坏的一种施工方法。炸药的种类很多，在建筑工程施工中常用的炸药主要有硝铵炸药、硝化甘油炸药及黑火药等。

一、分类

根据爆破对象和爆破作业环境的不同，爆破工程可以分为以下九类：

第一，岩土爆破。岩土爆破是指以破碎和抛掷岩土为目的的爆破作业，如矿山开采爆破、路基开挖爆破、巷（隧）道掘进爆破等。岩土爆破是最普通的爆破技术。

第二，拆除爆破。拆除爆破是指采取控制有害效应的措施，以拆除地面和地下建筑物、构筑物为目的的爆破作业，如爆破拆除混凝土基础、烟囱、水塔等高耸构筑物，楼房、厂房等建筑物等。拆除爆破的特点是爆区环境复杂，爆破对象复杂，起爆技术复杂。要求爆破作业必须有效地控制有害效应，有效地控制被拆建（构）筑物的坍塌方向、堆积范围、破坏范围和破碎程度等。

第三，金属爆破。金属爆破是指爆破破碎、切割金属的爆破作业。与岩石相比，金属具有密度大、波阻抗高、抗拉强度高等特点，给爆破作业带来很大的困难和危险因素，因此金属爆破要求更可靠的安全条件。

第四，爆炸加工。爆炸加工是指利用炸药爆炸的瞬态高温和高压作用，使物料高速变形、切断、相互复合（焊接）或物质结构相变的加工方法，包括爆炸成形、焊接、复合、合成金刚石、硬化与强化、烧结、消除焊接残余应力、爆炸切割金属等。

第五，地震勘探爆破。地震勘探爆破是利用埋在地下的炸药爆炸释放出的能量在地壳中产生的地震波来探测地质构造和矿产资源的一种物探方法。炸药在地下爆炸后在地壳中产生地震波，当地震波在岩石中传播过程中遇到岩层的分界面时便产生反射波或折射波，利用仪器将返回地面的地震波记录下来，根据波的传播路线和时间，确定发生反射波或折射波的岩层界面的埋藏深度和产状，从而分析地质构造及矿产资源情况。

第六，油气井爆破。钻完井后，经过测井，确定地下含油气层的准确深度和厚度，在井中下钢套管，将水泥注入套管与井壁之间的环形空间，使环形空间全部封堵死，防止井壁坍塌，不同的油气层和水层之间也不会互相窜流。为了使地层中油气流到井中，在套管、水泥环及地层之间形成通道，需要进行射孔爆破。一般条件下应用聚能射孔弹进行射孔，起爆时，金属壳在锥形中轴线上形成高速金属粒子流，速度可达6000～7000 m/s，具有强大的穿透力，能将套管、水泥环射透并射进地层一定深度，形成通道，使地层中的油气流到井中。

第七，高温爆破。高温爆破是指高温热凝结构爆破，在金属冶炼作业中，由于某种原因，常常会在炉壁或底部产生炉瘤和凝结物，如果不及时清理，将会大大缩小炉膛的容积，影响冶炼正常生产。用爆破法处理高温热凝结构时，由于冶炼停火后热凝结构温度依然很高，可达800～1000℃，必须采用耐高温的爆破材料，采用普通爆破材料时，必须做好隔热和降温措施。爆破时还应保护炉体等，对爆破产生的振动、空气冲击波和飞散物进行有效控制。

第八，水下爆破。凡爆源置于水域制约区内与水体介质相互作用的爆破统称为水下爆破，包括近水面爆破、浅水爆破、深水爆破、水底裸露爆破、水底钻孔爆破、水下硐室爆破及挡水体爆破等。由于水下爆破的水介质特性和水域环境与地面爆破条件不同，因此爆破作用特性、爆破物理现象、爆破安全条件和爆破施工方法等与地面爆破有很大差异。水下爆破技术广泛用于航道疏通、港口建设、水利建设等诸多领域。

第九，其他爆破。其他爆破包括农林爆破、人体内结石爆破、森林灭火爆破等。

二、爆破过程

最简单的是单个集中药包的土石抛掷爆破，其发展过程大致可分为应力波扩展阶段、鼓包运动阶段和抛掷回落阶段。

（一）应力波扩展阶段

在高压爆炸产物的作用下，介质受到压缩，在其中产生向外传播的应力波。同时，药室中爆炸气体向四周膨胀，形成爆炸空腔。空腔周围的介质在强高压的作用下被压实或破碎，进而形成裂缝。介质的压实或破碎程度随距离的增大而减轻。应力波在传播过程中逐渐衰减，爆炸空腔中爆炸气体压力随爆炸空腔的增大也逐渐降低。应力波传到一定距离时就变成一般的塑性波，即介质只发生塑性变形，一般不再发生断裂破坏。应力波进一步衰变成弹性波，相应区域内的介质只发生弹性变形。从爆心起直到这个区域，称为爆破作用范围，再往外是爆破引起的地震作用范围。

（二）鼓包运动阶段

如药包的埋设位置同地表距离不太大，应力波传到地表时尚有足够的强度，发生反射后，就会造成地表附近介质的破坏，产生裂缝。此后，应力波在地表和爆炸空腔间进行多次复杂的反射和折射，会使由空腔向外发展的裂缝区和由地表向里发展的裂缝区彼此连通形成一个逐渐扩大的破坏区。在裂缝形成过程中，爆炸产物会渗入裂缝，加大裂缝的发展，影响这一破坏区内介质的运动状态。如果破坏区内的介质尚有较大的运动速度，或爆炸空腔中尚有较大的剩余压力，则介质会不断向外运动，地表面不断鼓出，形成所谓鼓包。由各瞬时鼓包升起的高度可求出鼓包运动的速度。

（三）抛掷回落阶段

在鼓包运动过程中，尽管鼓包体内介质已破碎，裂缝很多，但裂缝之间尚未充分连通，仍可把介质看作连续体。随着发展，裂缝之间逐步连通并终于贯通直到地表。于是，鼓包体内的介质便分块做弹道运动，飞散出去并在重力作用下回落。鼓包体内介质被抛出后，地面形成一个爆坑。

三、安全措施

第一，进入施工现场的所有人员必须戴好安全帽。

第二，人工打炮眼的施工安全措施。①打眼前应对周围松动的土石进行清理，若用支撑加固时，应检查支撑是否牢固；②打眼人员必须精力集中，锤击要稳、准，并击入钎中心，严禁互相面对面打锤；③随时检查锤头与柄连接是否牢固，严禁使用木质松软，有节疤、裂缝的木柄，铁柄和锤平整，不得有毛边。

第三，机械打炮眼的安全措施。①操作中必须精力集中，发现不正常的声音或振动，应立即停机进行检查，并及时排除故障，才准继续作业；②换钎、检查风钻加油时，应先关闭风门，才准进行。在操作中不得碰触风门，以免发生伤亡事故；③钻眼机具要扶稳，钻杆与钻孔中心必须在一条直线上；④钻机运转过程中，严禁用身体支撑风钻的转动部分；⑤经常检查风钻有无裂纹，螺栓孔有无松动，长套和弹簧有无松动、是否完整，确认无误后才可使用，工作时必须戴好风镜、口罩和安全帽。

四、常见事故

在爆破工程中，早爆、拒爆与迟爆是最为常见的事故。

（一）早爆

早爆是人员未完全撤出工作面时发生的爆炸。这类事故很可能造成人员伤亡，发生的主要原因是器材、操作问题，发爆器管理不严，爆破信号不明确，雷电和杂散电流的影响。

早爆防治措施：①选用质量好的雷管，保证质量，安全第一；②及时处理拒爆，不要从炮眼中取出原放置的引药，或从引药中拉雷管，以免爆炸；③严格检查发爆器，尤其对使用已久的发爆器进行检查，发现问题及时维修或更换。加以警戒，待人员全部撤离危险区后才能开始充电；④采取措施防止雷电、杂散电流。

（二）拒爆

爆破网络连接后，按程序进行起爆，有部分或全部雷管及炸药的爆破器材未发生爆炸的现象叫作拒爆。

防止拒爆的措施：①检查雷管、炸药、导爆管、电线的质量，凡不合格的一律报废，在常用的串联网路中，应用电阻相近的电雷管使他们的点燃起始能数值比较接近，以免由于起始能相差过大而不能全爆；②用能力足够的发爆器并保持其性能完好，领取发爆器要认真检查性能，防止摔打，及时更换电池；③按规定装药，装药时用木或竹制炮棍轻轻将药推入，防止损伤和折断雷管脚线。

（三）迟爆

导火索从点火到爆炸的时间大于导火索长度与燃速的乘积，称为延迟爆炸。导火索延迟爆炸的事故时有发生，危害很大。

防止迟爆的措施：①加强导火索、火雷管的选购、管理和检验，建立健全入库和使用前的检验制度，不用断药、细药的导火索；②操作中避免导火索过度弯曲或折断；③用数炮器数炮或专人听炮响声进行数炮，发现或怀疑有拒爆时，加倍延长进入爆破区的时间；④必须加强爆破器材的检验，不合格的器材不能用于爆破工程，特别是起爆药包和起爆雷管，应经过检验后方可使用。

第二节　岩土分类

岩土（Rock and Soil）从工程建筑观点对组成地壳的任何一种岩石和土的统称。岩土可细分为坚硬的（硬岩），次坚硬的（软岩），软弱联结的，松散无联结的和具有特殊成分、结构、状态和性质的五大类。中国习惯将前两类称岩石，后三类称土，统称"岩土"。

一、岩石的分类

（一）岩石按成因分类

1.岩浆岩

花岗岩—花岗斑岩—流纹岩（酸性岩）；正长岩—正长斑岩—粗面岩（中酸性岩）；闪长岩—闪长玢岩—安山岩（中性岩）；辉长岩—辉绿岩—玄武岩（基性岩）；橄榄岩（辉岩）—苦橄玢岩—苦橄岩（金伯利岩）—（超基性岩）。

2.沉积岩

碎屑沉积岩（砾岩、砂岩、泥岩、页岩、黏土岩、灰岩、集块岩）；化学沉积岩（硅华、遂石岩、石髓岩、泥铁石、灰岩、石钟乳、盐岩、石膏）；生物沉积岩（硅藻土、油页岩、白云岩、白垩土、煤炭、磷酸盐岩）。

3.变质岩

片状类（片麻岩、片岩、千枚岩、板岩）；块状类（大理岩、石英岩）。

（二）岩石按坚硬程度分类

极破碎时可不进行坚硬程度划分：

1.坚硬岩 $f_r > 60$（未风化～微风化的花岗岩、闪长岩、辉长岩、片麻岩、石英岩、石英砂岩、硅质砾岩、硅质石灰岩等）；

2.较硬岩 $60 \geqslant f_r > 30$（微风化的坚硬岩；未风化～微风化的大理岩、板岩、石灰岩、白云岩、钙质砂岩）；

3.较软岩 $30 \geqslant f_r > 15$（中风化～强风化的坚硬岩；未风化～微风化的凝灰岩、千枚岩、泥灰岩、砂质泥岩）；

4.软岩 $15 \geqslant f_r > 5$（强风化的坚硬岩；中风化～强风化的较软岩；未风化～微风化的页岩、泥岩、泥质砂岩）；

5.极软岩 $f_r \leqslant 5$（全风化；半成岩）。

（三）岩体按完整程度分类

岩体完整性指数 $K_v = V$ 岩体 $/V$ 岩石压缩波

1.完整 $K_v > 0.75$，整体状或巨厚层状结构。

2.较完整 $K_v 0.75 \sim 0.55$，块状或厚层状结构、块状结构。

3.较破碎 $K_v 0.55 \sim 0.35$，裂隙块状或中厚层状结构、镶嵌碎裂结构，中、薄层状结构。

4.破碎 $K_v 0.35 \sim 0.15$，裂隙块状结构、碎裂结构。

5.极破碎 $K_v < 0.15$，散体状结构。

（四）岩石按风化程度分类

波速比 $K_v = （V$ 岩体 $/V$ 岩石压缩波）

风化系数 $K_f = （f_r$ 风化岩石 $/f_r$ 新鲜岩石单轴抗压强度）

泥岩和半成岩可不进行风化程度划分。

1. 未风化 $K_v = 0.9 \sim 1.0$，$K_f = 0.9 \sim 1.0$，岩质新鲜，偶见风化痕迹。

2. 微风化 $K_v = 0.8 \sim 0.9$，$K_f = 0.8 \sim 0.9$，结构基本未变，仅节理面有渲染或略有变色，有少量风化裂隙。

3. 中等风化 $K_v = 0.6 \sim 0.8$，$K_f = 0.4 \sim 0.8$，结构部分破坏，沿节理面有次生矿物、风化裂隙发育，岩体被切割成岩块。用镐难挖，岩芯钻方可钻进。

4. 强风化 $K_v = 0.4 \sim 0.6$，$K_f < 0.4$，结构大部分破坏，矿物成分显著变化，风化裂隙很发育，岩体破碎。用镐可挖，干钻不易钻进。$N \geqslant 50$击。

5. 全风化 $K_v = 0.2 \sim 0.4$，结构基本破坏，但尚可辨认，有残余结构强度，可用镐挖，干钻可钻进。$50 > N \geqslant 30$击。

6. 残积土 $K_v < 0.4$，组织结构全部破坏，已风化成土状，锹镐可挖掘，干钻易钻进，具可塑性。$N < 30$击。

（五）岩体结构类型

1. 整体状：巨块状，结构面间距大于1.5 m，一般有1 ~ 2组，无危险结构面组成的落石、掉块。

2. 块状：块状、柱状，结构面间距0.7 ~ 1.5 m，一般有2 ~ 3组，有少量分离体。

3. 层状：层状、板状，层理、片理、节理裂隙，但以风化裂隙为主，常有层间错动。多韵律的薄层及中厚层状沉积岩、副变质岩等。

4. 破裂状（碎裂）：碎块状，结构面间距0.25 ~ 0.5 m，一般在3组以上，有许多分离体。构造影响严重的岩层。

5. 散体状：碎屑状，断层破碎带、强风化及全风化。

（六）岩体按岩石的质量指标分类

RQD值 = 75 mm双重管金刚石钻进获取的大于10 cm的岩芯段长与该回次进尺之比。1. 好>90；2. 较好75 ~ 90；3. 较差50 ~ 75；4. 差25 ~ 50；5. 极差<25。

二、岩土工程勘察分级

岩土工程勘察等级，应根据工程安全等级、场地等级和地基等级综合分析确定。

（一）工程安全等级确定

表4-1　工程安全等级确定

安全等级	破坏后果	工程类型
一级	很严重	重要工程
二级	严重	一般工程
三级	不严重	次要工程

（二）场地等级的确定

1.符合下列条件之一者为一级场地

（1）对建筑抗震危险的地段。

（2）不良地质现象强烈发育。

（3）地质环境已经或可能受到强烈破坏。

（4）地形地貌复杂。

2.符合下列条件之一者为二级场地

（1）对建筑抗震不利的地段。

（2）不良地质现象一般发育。

（3）地质环境已经或可能受到一般破坏。

（4）地形地貌较复杂。

3.符合下列条件之一者为三级场地

（1）地震设防烈度等于或小于6度，或对建筑抗震有利的地段。

（2）不良地质现象不发育。

（3）地质环境基本未受破坏。

（4）地形地貌简单。

（三）地基等级的确定

1.符合下列条件之一者为一级地基

（1）岩土种类多，性质变化大，地下水对工程影响大，且须特殊处理。

（2）多年冻土、湿陷、膨胀、盐渍、污染严重的特殊性岩土，以及其他情况复杂，须做专门处理的岩土。

2.符合下列条件之一者为二级地基

（1）岩土种类较多，性质变化较大，地下水对工程有不利影响。

（2）除第一款规定以外的特殊性岩土。

3.符合下列条件之一者为三级地基

（1）岩土种类单一，性质变化不大，地下水对工程无影响。

（2）无特殊性岩土。

（四）岩土工程勘察等级的确定

表4-2 岩土工程勘察等级的确定

勘察等级	确定勘察等级的条件		
	工程安全等级	场地等级	地基等级
一级	一级	任意	任意
	二级	一级	任意
		任意	一级
二级	二级	二级	二级或三级
		三级	二级
	三级	一级	任意
		任意	一级
		二级	二级
三级	二级	三级	三级
	三级	二级	三级
		三级	二级或三级

（五）初步勘察阶段勘探线、勘探点间距的确定

表4-3 初步勘察阶段勘探线、勘探点间距的确定

岩土工程勘察等级	线距（m）	点距（m）
一级	50 ~ 100	30 ~ 50
二级	75 ~ 150	40 ~ 100
三级	150 ~ 300	75 ~ 200

（六）详细勘察阶段勘探点间距的确定

表4-4　详细勘察阶段勘探点间距的确定

岩土工程勘察等级	间距（m）
一级	15 ~ 35
二级	25 ~ 45
三级	40 ~ 65

第三节　爆破原理及器材

一、爆破原理

（一）岩石炸药单耗确定原理和方法

表4-5　岩石炸药单耗确定原理和方法

岩石名称	岩体特征	f值	K（公斤/米3）	
			松动	抛掷
各种土	松软的	< 1.0	0.3 ~ 0.4	1.0 ~ 1.1
	坚实的	1 ~ 2	0.4 ~ 0.5	1.1 ~ 1.2
土夹石	密实的	1 ~ 4	0.4 ~ 0.6	1.2 ~ 1.4
页岩、千枚岩	风化破碎	2 ~ 4	0.4 ~ 0.5	1.0 ~ 1.2
	完整、风化轻微	4 ~ 6	0.5 ~ 0.6	1.2 ~ 1.3
板岩、泥灰岩	泥质，薄层，层面张开，较破碎	3 ~ 5	0.4 ~ 0.6	1.1 ~ 1.3
	较完整，层面闭合	5 ~ 8	0.5 ~ 0.7	1.2 ~ 1.4
砂岩	泥质胶结，中薄层或风化破碎者	4 ~ 6	0.4 ~ 0.5	1.0 ~ 1.2
	钙质胶结，中厚层，中细粒结构，裂隙不甚发育	7 ~ 8	0.5 ~ 0.6	1.3 ~ 1.4
	硅质胶结，石英质砂岩，厚层，裂隙不发育，未风化	9 ~ 14	0.6 ~ 0.7	1.4 ~ 1.7
砾岩	胶结较差，砾石以砂岩或较不坚硬的岩石	5 ~ 8	0.5 ~ 0.6	1.2 ~ 1.4
	主胶结好，以较坚硬的砾石组成，未风化	9 ~ 12	0.6 ~ 0.7	1.4 ~ 1.6

（续表）

岩石名称	岩体特征	f值	K（公斤/米3）	
			松动	抛掷
白云岩、大理岩	节理发育，较疏松破碎，裂隙频率大于4条/m	5～8	0.5～0.6	1.2～1.4
	完整、坚实的	9～12	0.6～0.7	1.5～1.6
石灰岩	中薄层，或含泥质的，或鲕状、竹叶状结构的及裂隙较发育的	6～8	0.5～0.6	1.3～1.4
	厚层、完整含有硅质、致密的	9～15	0.6～0.7	1.4～1.7
花岗岩	风化严重，节理裂隙很发育，多组节理交割裂隙频率大于5条/m	4～6	0.4～0.6	1.1～1.3
	风化较轻，节理不甚发育或未风化的伟晶粗晶结构	7～12	0.6～0.7	1.3～1.6
	细晶均质结构，未风化，完整致密岩体	12～20	0.7～0.8	1.6～1.8
流纹岩、粗面岩、蛇纹岩	较破碎的	6～8	0.5～0.7	1.2～1.4
	完整的	9～12	0.7～0.8	1.5～1.7
片麻岩	片理或节理裂隙发育的	5～8	0.5～0.7	1.2～1.4
	完整坚硬的	9～14	0.7～0.8	1.5～1.7
正长岩、闪长岩	较风化，整体性较差的	8～12	0.5～0.7	1.3～1.5
	未风化，完整致密的	12～18	0.7～0.8	1.6～1.8
石英岩	风化破碎，裂隙频率＞5条/m	5～7	0.5～0.6	1.1～1.3
	中等坚硬，较完整的	8～14	0.6～0.7	1.4～1.6
	很坚硬完整致密的	14～20	0.7～0.9	1.7～2.0
安山岩、玄武岩	受节理裂隙切割的	7～12	0.6～0.7	1.3～1.5
	完整坚硬致密的	12～20	0.7～0.9	1.6～2.0
辉长岩、辉绿岩、橄榄岩	受节理裂隙切割的	8～14	0.6～0.7	1.4～1.7
	很完整很坚硬致密的	14～25	0.8～0.9	1.8～2.1

（二）爆破漏斗试验法

最小抵抗线原理：药包爆炸时，爆破作用首先沿着阻力最小的地方，使岩（土）产生破坏，隆起鼓包或抛掷出去，这就是作为爆破理论基础的"最小抵抗线原理"。

药包在有限介质内爆破后，在临空一面的表面上会出现一个爆破坑，一部分炸碎的土石被抛至坑外，一部分仍落在坑底。由于爆破坑形状似漏斗，称为爆破漏斗。若在倾斜边界条件下，则会形成卧置的椭圆锥体。

当地面坡度等于零时，爆破漏斗成为倒置的圆锥体。mDI称为可见的爆破漏斗，爆破后岩石被抛离原始位置的体积占总爆破体积的百分比，这个比率用来评估爆破效果，称为平坦地形的抛掷率E_0；r_0（漏斗口半径）与W（最小抵抗线）的比值n称为平地爆破作用指数。

当$r_0 = W$时，$n = 1$，称为标准抛掷爆破。在水平边界条件下，其抛掷率$E = 27\%$。标准抛掷漏斗的顶部夹角为直角。

当$r_0 > W$，则$n > 1$，称为加强抛掷爆破。抛掷率$> 27\%$。漏斗顶部夹角大于90°。

当$r_0 < W$，则$n < 1$，称为减弱抛掷爆破。抛掷率$< 27\%$。漏斗顶部夹角小于90°。

实践证明，当$n < 0.75$时，不能形成显著的漏斗，不发生抛掷现象，岩石只能发生松动和隆起。通常将$n = 0.75$时称为标准松动爆破，$n < 0.75$称为减弱松动爆破。

装药量是工程爆破中一个最重要的参量。装药量确定得正确与否直接关系列爆破效果和经济效益。尽管这个参量是如此重要，但是由于岩石性质和爆破条件的多变性，炸药爆轰反应和岩石破碎过程的复杂性，因此一直到现在尚没有一个比较精确的理论计算公式。

长期以来，人们一直沿用着在生产实践中积累的经验而建立起来的经验公式。常用的经验公式是体积公式，它的原理是装药量的大小与岩石对爆破作用力的抵抗程度成正比。这种抵抗力主要是重力作用。根据这个原理，可以认为，岩石对药包爆破作用的抵抗是重力抵抗作用，实际上就是被爆破的那部分岩石的体积，即装药量的大小应与被爆破的岩石体积成正比。此即所谓体积公式的计算原理。这个公式在工程爆破中应用得比较广泛，体积公式的形式为：

$$Q = q \cdot V \qquad\qquad (4-1)$$

式中：Q——装药量，kg；

$\quad\quad q$——单位体积岩石的炸药消耗量，kg/m^2；

$\quad\quad V$——被爆破的岩石体积，m^3。

集中药包的计算原理仍然是利用体积公式的计算原理，首先从计算能形成标准抛掷漏斗的装药量出发，根据几何相似原理来计算在形成非标准抛掷漏斗的情况下的装药量。

按照标准抛掷爆破，它的装药量可按照下式来计算：

$$Q_{标} = q_{标} V \qquad (4\text{-}2)$$

$Q_{标}$——形成标准抛掷漏斗的装药量，kg；

$q_{标}$——形成标准抛掷漏斗的单位体积岩石的炸药消耗量，kg/m^3；

V——标准抛掷漏斗的体积，m^3。其大小是：

$$V = \frac{1}{3}\pi \gamma^2 W \qquad (4\text{-}3)$$

γ——爆破漏斗底圆半径，m；

W——最小抵抗线，m。

对标准抛掷爆破漏斗来说，

$$Y = W$$

所以

$$V = \frac{\pi}{3}W^2 W \approx W^3$$

得

$$Q_{标} = q\ W^3 \qquad (4\text{-}4)$$

根据相似原理，在某一特定的均质岩石中，采用性质和形状相同的炸药包进行爆破漏斗试验时，欲获得大小和形状都相似的爆破漏斗，那么装药量和爆破漏斗尺寸间存在下面的关系：

$$\frac{W_2}{W_1} = \frac{r_2}{r_1} = \left(\frac{Q_2}{Q_1}\right)^{1/3} \qquad (4\text{-}5)$$

试验还证明，在岩石性质、炸药品种和药包埋置深度均相同的情况下，改变装药量 Q 的大小即可获得爆破作用指数不同的爆破漏斗。此外，单位体积炸药消耗量随着爆破作用指数的不同而变化。因此，装药量可视为爆破作用指数 n 的函数。故各种不同爆破作用的装药量的计算通式可用下式来表示：

$$Q = f(n)q_{标}W^3 \tag{4-6}$$

式中：$f(n)$——爆破作用指数函数。

对于标准抛掷爆破 $f(n) = 1.0$；加强抛掷爆破 $f(n) > 1$；减弱抛掷爆破 $f(n) < 1$。

关于 $f(n)$ 的计算方法，各个研究者提出了不同的计算公式，而应用比较广泛的是学者鲍列斯阔夫提出的计算公式，该式为：

$$f(n) = 0.4 + 0.6n^2 \tag{4-7}$$

故抛掷爆破的装药量的计算式为：

$$Q_{抛} = f(n)q_{标}W^3 = \left(0.4 + 0.6n^3\right)q \ W^3 \tag{4-8}$$

上式用来计算加强抛掷爆破的装药量是比较合适的。根据我国工程爆破的实践证明，当最小抵抗线大于 25 m 时，用此式计算出来的装药量偏小，应按下式进行修正：

对于松动爆破：

$$f(n) = \frac{1}{2} \sim \frac{1}{3} \tag{4-9}$$

故松动爆破的装药量为：

$$Q_{抛} = f(n)q_{标}W^3 = (0.33 \sim 0.5)q \ W^3 \tag{4-10}$$

上述各式中的 q 标值，应考虑各方面的因素来慎重确定，一般可查国家定额或设计手册，也可参考类似的工程爆破的经验数据。最好在要爆破的岩石中进行标准抛掷爆破的漏斗试验，以取得可靠的数据。

（三）爆后检查

1.爆后检查等待时间

（1）露天浅孔爆破，爆后应超过 5 min，方准许检查人员进入爆破作业地点；如不能确认有无盲炮，应经 15 min 后才能进入爆区检查。

（2）露天深孔及药壶蛇穴爆破，爆后应超过 15 min，方准检查人员进入爆区。

（3）露天爆破经检查确认爆破点安全后，经当班爆破班长同意，方准许作业人员进入爆区。

（4）地下矿山和大型地下开挖工程爆破后，经通风吹散炮烟、检查确认井下空气合格后、等待时间超过15 min，方准许作业人员进入爆破作业地点。

（5）拆除爆破爆后应等待倒塌建（构）筑物和保留建筑物稳定之后，方准许检查人员进入现场检查。

（6）硐室爆破、水下深孔爆破及本标准未规定的其他爆破作业，爆后的等待时间，由设计确定。

2.爆后检查内容

（1）一般岩土爆破应检查的内容有：①确认有无盲炮；②露天爆破爆堆是否稳定，有无危坡、危石；③地下爆破有无冒顶、危岩，支撑是否破坏，炮烟是否排除。

（2）硐室爆破、拆除爆破及其他有特殊要求的爆破作业，爆后检查应按有关规定执行。

3.处理

（1）检查人员发现盲炮及其他险情，应及时上报或处理；处理前应在现场设立危险标志，并采取相应的安全措施，无关人员不应接近。

（2）发现残余爆破器材应收集上缴，集中销毁。

4.盲炮处理

（1）一般规定

①处理盲炮前应由爆破领导人定出警戒范围，并在该区域边界设置警戒，处理盲炮时无关人员不准许进入警戒区。

②应派有经验的爆破员处理盲炮，确定爆破的盲炮处理应由爆破工程技术人员提出方案并经单位主要负责人批准。

③电力起爆发生盲炮时，应立即切断电源，及时将盲炮电路短路。

④导爆索和导爆管起爆网路发生盲炮时，应首先检查导爆管是否有破损或断裂，发现有破损或断裂的应修复后重新起爆。

⑤不应拉出或掏出炮孔和药壶中的起爆药包。

⑥盲炮处理后，应仔细检查爆堆，将残余的爆破器材收集起来销毁；在不能确认爆堆无残留的爆破器材之前，应采取预防措施。

⑦盲炮处理后应由处理者填写登记卡片或提交报告，说明产生盲炮的原因、

处理的方法和结果、预防措施。

（2）裸露爆破的盲炮处理

①处理裸露爆破的盲炮，可去掉部分封泥，安置新的起爆药包，加上封泥起爆；如发现炸药受潮变质，则应将变质炸药取出销毁，重新敷药起爆。

②处理水下裸露爆破和破冰爆破的盲炮，可在盲炮附近另投入裸露药包诱爆，也可将药包回收销毁。

（3）浅孔爆破的盲炮处理

①经检查确认起爆网路完好时，可重新起爆。

②可打平行孔装药爆破，平行孔距盲炮不应小于0.3 m；对于浅孔药壶法，平行孔距盲炮药壶边缘不应小于0.5 m。为确定平行炮孔的方向，可从盲炮孔口掏出部分填塞物。

③可用木、竹或其他不产生火花的材料制成的工具，轻轻地将炮孔内填塞物掏出，用药包诱爆。

④可在安全地点外用远距离操纵的风水喷管吹出盲炮填塞物及炸药，但应采取措施回收雷管。

⑤处理非抗水硝铵炸药的盲炮，可将填塞物掏出，再向孔内注水，使其失效，但应回收雷管。

⑥盲炮应在当班处理，当班不能处理或未处理完毕，应将盲炮情况（盲炮数目、炮孔方向、装药数量和起爆药包位置，处理方法和处理意见）在现场交接清楚，由下一班继续处理。

（4）深孔爆破的盲炮处理

①爆破网路未受破坏，且最小抵抗线无变化者，可重新连线起爆；最小抵抗线有变化者，应验算安全距离，并加大警戒范围后，再连线起爆

②可在距盲炮孔口不少于10倍炮孔直径处另打平行孔装药起爆。爆破参数由爆破工程技术人员确定并经爆破领导人批准。

③所用炸药为非抗水硝铵类炸药，且孔壁完好时，可取出部分填塞物向孔内灌水使之失效，然后做进一步处理。

（5）硐室爆破的盲炮处理

①如能找出起爆网路的电线、导爆索或导爆管，经检查正常仍能起爆者，应重新测量最小抵抗线，重划警戒范围，连线起爆。

②可沿竖井或平硐清除填塞物并重新敷设网路连线起爆，或取出炸药和起爆体。

二、爆破器材

爆破器材（Demolition Equip ments and Materials）是用于爆破的炸药、火具、爆破器、核爆破装置、起爆器、导电线和检测仪表等的统称。

（一）炸药

常用的有梯恩梯、硝铵炸药、塑性炸药等。为便于使用，可制成各种不同规格的药块、药柱、药片、药卷等。

（二）火具

包括导火索、导爆索、导爆管、雷管、电雷管、拉火管、打火管等。

（三）爆破器

有爆破筒、爆破罐、单人掩体爆破器、炸坑爆破器、火箭爆破器等，它们是根据不同用途专门设计制造的制式爆破器材，如爆破筒主要用于爆破筑城工事和障碍物；爆破罐和炸坑爆破器主要用于破坏道路、机场跑道、装甲工事和钢筋混凝土工事及构筑防坦克陷坑等；单人掩体爆破器供单兵随身携带，用于构筑单人掩体；火箭爆破器主要用于在障碍物中开辟通路。核爆破装置，通常是由一个弹头（核装药）和控制装置组成，主要用于爆破大型目标和制造大面积障碍等。

（四）起爆器

有普通起爆器（即点火机）和遥控起爆器。普通起爆器是一种小型发电机，有电容器式和发电机式两种，用于给点火线路供电起爆电雷管。遥控起爆器用于远距离遥控起爆装药，主要有靠发送无线电波或激光引爆地面装药的遥控起爆器和靠发送声波引爆水中装药的遥控起爆器等。

（五）导电线

有双芯和单芯工兵导电线，用于敷设电点火线路。

（六）检测仪表

主要有欧姆表（工作电流不大于30 mA），用于导通或精确测量电雷管、导电线和电点火线路的电阻，此外还有电流表、电压表等。为便于携带和使用，一些国家已将点火机和欧姆表组装成一个整体。

第四节　爆破方法

一、浅孔爆破和深孔爆破

炮孔深度小于5 m，孔径小于75 mm的炮孔爆破。

（一）露天浅孔爆破

炮孔布置的主要技术参数为：

1.最小抵抗线（W_p）

浅孔爆破的最小抵抗线Wp通常根据钻孔直径和岩石性质来确定，即

$$W_p = Kwd \qquad\qquad (4\text{-}11)$$

式中：W_p——最小抵抗线（m），通常取药包中心到临空面的最短距离；

　　　　K_w——系数，一般采用15～30，对于坚硬岩石取较小值，中等坚硬岩石取较大值；

　　　　d——钻孔最大直径（cm）

2.台阶爆破中的台阶高度（H）

$$H = (1.2 \sim 2.0)W_p \qquad\qquad (4\text{-}12)$$

3.炮孔深度（h）

在坚硬岩石中

$$h = （1.1 \sim 1.15）H$$

在松软岩石中

$$h = （0.85 \sim 0.95）H$$

在中硬岩石中

$$h = H$$

4.炮孔间距（a）及排距（b）

火雷管起爆时

$$a = (1.2 \sim 2.0)W_p \qquad （4-13）$$

电雷管起爆时

$$a = (0.8 \sim 2.0)W_p$$

排距一般采用：

$$b = (0.8 \sim 1.2)W_p$$

装药及起爆：

药量计算公式：

$$Q = 0.33Kabh$$

炮孔装药长度通常相当于孔深的 1/3 ～ 1/2。当装填散装药时，须用木棍捣实，增大装药密度以提高爆破效果。装药卷时，将雷管装入一个药卷中，制成起爆药卷，放在装药长的 1/3 ～ 1/2 处（由上部算起），浅孔爆破中，堵塞长度不能小于最小抵抗线。

（二）深孔爆破

孔深大于 5 m，孔径大于 75 mm 的钻孔爆破叫作深孔爆破。

深孔爆破炮孔布置的主要技术参数：

1.计算抵抗线 W_p（m）

$$W_p = HDnd/150 \qquad （4-14）$$

式中：H——阶梯高度（m）；

　　　D——岩石硬度系数，一般取 0.46 ～ 0.56；

　　　n——阶梯高度影响系数。

2.超钻深度 ΔH（m）

$$\Delta H = （0.12 \sim 0.3）H \ 或 \ \Delta H = （0.15 \sim 0.35）Wp \qquad （4-15）$$

岩石越坚硬超钻深度越大。

3.炮孔间距 a

$a = (0.7 \sim 1.4) W_p$ 或 $a = m W_p$（对于宽孔距爆破 $m = 2 \sim 5$）

4.炮孔排距 b

$$b = a\sin60 = 0.87a$$

5.药包重量 Q（kg）

$$Q = 0.33KHWpa$$

6.堵塞长度

$$L = (0.5 \sim 0.7) H \text{ 或 } L = (20 \sim 30) D \qquad (4\text{-}16)$$

二、孔眼爆破

根据孔径的大小和孔眼的深度可分为浅孔爆破法和深孔爆破法。前者孔径小于 75 mm，孔深小于 5 m；后者孔径大于 75 mm，孔深大于 5 m。前者适用于各种地形条件和工作面的情况，有利于控制开挖面的形状和规格，使用的钻孔机具较简单，操作方便，但生产效率低，孔耗大，不适合大规模的爆破工程。而后者恰好弥补了前者的缺点，适用于料场和基坑规模大、强度高的采挖工作。

（一）炮孔布置原则

无论是浅孔还是深孔爆破，施工中均须形成台阶状以合理布置炮孔，充分利用天然临空面或创造更多的临空面。这样不仅有利于提高爆破效果，降低成本，也便于组织钻孔、装药、爆破和出渣的平行流水作业，避免干扰，加快进度。布孔时，宜使炮孔与岩石层面和节理面正交，不宜穿过与地面贯穿的裂缝，以防漏气，影响爆破效果。深孔作业布孔，尚应考虑不同性能挖掘机对掌子面的要求。

（二）改善深孔爆破的效果的技术措施

一般开挖爆破要求岩块均匀，大块率低；形成的台阶面平整，不留残埂；较高的钻孔延米爆落量和较低的炸药单耗。改善深孔爆破效果的主要措施有以下五个方面：

1.合理利用或创造人工自由面

实践证明，充分利用多面临空的地形，或人工创造多面临空的自由面，有利于降低爆破单位耗药量。适当增加梯段高度或采用斜孔爆破，均有利于提高爆破效率。平行坡面的斜孔爆破，由于爆破时沿坡面的阻抗大体相等，且反射拉力波的作用范围增大，通常可比竖孔的能量利用率提高50%。斜孔爆破后边坡稳定，块度均匀，还有利于提高装渣效率。

2.改善装药结构

深孔爆破多采用单一炸药的连续装药，且药包往往处于底部、孔口不装药段较长，导致大块的产生。采用分段装药虽增加了一定施工难度，但可有效降低大块率；采用混合装药方式，即在孔底装高威力炸药、上部装普通炸药，有利于减少超钻深度；在国内外矿山部门采用的空气间隔装药爆破技术也证明是一种改善爆破破碎效果、提高爆炸能量利用率的有效方法。

3.优化起爆网路

优化起爆网路对提高爆破效果，减轻爆破震动危害起着十分重要的作用。选择合理的起爆顺序和微差间隔时间对于增加药包爆破自由面，促使爆破岩块相互撞击以减小块度，防止爆破公害具有十分重要的作用。

4.采用微差挤压爆破

微差挤压爆破是指爆破工作面前留有渣堆的微差爆破。由于留有渣堆，从而促使爆岩在运动过程中相互碰撞，前后挤压，获得进一步破碎，改善了爆破效果。微差挤压爆破可用于料场开挖及工作面小、开挖区狭长的场合如溢洪道、渠道开挖等。它可以使钻孔和出渣作业互不干扰，平行连续作业，从而提高工作效率。

5.保证堵塞长度和堵塞质量

实践证明，当其他条件相同时，堵塞良好的爆破效果及能量利用率较堵塞不良的场合可以大幅提高。

三、光面爆破和预裂爆破

20世纪50年代末期，由于钻孔机械的发展，出现了一种密集钻孔小装药量的爆破新技术。在露天堑壕、基坑和地下工程的开挖中，使边坡形成比较陡峻的表面，使地下开挖的坑道面形成预计的断面轮廓线，避免超挖或欠挖，并能保持围岩的稳定。

实现光面爆破的技术措施有两种：一是开挖至边坡线或轮廓线时，预留一层厚度为炮孔间距1.2倍左右的岩层，在炮孔中装入低威力的小药卷，使药卷与孔壁间保持一定的空隙，爆破后能在孔壁面上留下半个炮孔痕迹；另一种方法是先在边坡线或轮廓线上钻凿与壁面平行的密集炮孔，首先起爆以形成一个沿炮孔中心线的破裂面，以阻隔主体爆破时地震波的传播，还能隔断应力波对保留面岩体的破坏作用，通常称预裂爆破。这种爆破的效果，无论在形成光面或保护围岩稳定，均比光面爆破好，是隧道、地下厂房和路堑、基坑开挖工程中常用的爆破技术。

四、定向爆破

20世纪50年代末60年代初期，在中国推行过定向爆破筑坝，3年左右时间内用定向爆破技术筑成了20多座水坝，其中广东韶关南水大坝（1960），一次装药1394.3 t，爆破226万 m^3，填成平均高为62.5 m的大坝，技术上达到了国际先进水平。

定向爆破是利用最小抵抗线在爆破作用中的方向性这个特点，设计时利用天然地形或人工改造后的地形，使最小抵抗线指向需要填筑的目标。这种技术已广泛地应用在水利筑坝、矿山尾矿坝和填筑路堤等工程上。它的突出优点是在极短时期内，通过一次爆破完成土石方工程挖、装、运、填等多道工序，节约大量的机械和人力，费用省，工效高；缺点是后续工程难于跟上，而且受到某些地形条件的限制。

五、控制爆破

不同于一般的工程爆破，对由爆破作用引起的危害有更加严格的要求，多用于城市或人口稠密、附近建筑物群集的地区拆除房屋、烟囱、水塔、桥梁及厂房内部各种构筑物基座的爆破，因此，又称拆除爆破或城市爆破。

控制爆破所要求控制的内容是：①控制爆破破坏的范围，只爆破建筑物需要拆除的部位，保留其余部分的完整性；②控制爆破后建筑物的倾倒方向和坍塌范围；③控制爆破时产生的碎块飞出距离，空气冲击波强度和音响的强度；④控制爆破所引起的建筑物地基震动及其对附近建筑物的震动影响，也称爆破地震效应。

爆破飞石、滚石控制。产生爆破飞石的主要原因是对地质条件调查不充分、炸药单耗太大或偏小造成冲炮、炮孔偏斜抵抗线太小、防护不够充分、毫秒起爆网路安排特别是排间毫秒延迟时间安排不合理造成冲炮等。监理工程师会同施工单位爆破工程师，现场严格要求施工人员按爆破施工工艺要求进行爆破施工，并考虑采取以下措施：①严格监督对爆破飞石、滚石的防护和安全警戒工作，认真检查防护排架、保护物体近体防护和爆区表面覆盖防护是否达到设计要求，人员、机械的安全警戒距离是否达到了规程的要求等。②对爆破施工进行信息化管理，不断总结爆破经验、教训，针对具体的岩体地质条件，确定合理的爆破参数。严格按设计和具体地质条件选择单位炸药消耗量，保证堵塞长度和质量。③爆破最小抵抗线方向应尽量避开保护物。④确定合理的起爆模式和延迟起爆时间，尽量使每个炮孔有侧向自由面，防止因前排带炮（岳冲）而造成后排最小抵抗线大小和方向失控。⑤钻孔施工时，如发现节理、裂隙发育等特殊地质构造，应积极会同施工单位调整钻孔位置、爆破参数等；爆破装药前验孔，特别要注意前排炮孔是否有裂缝、节理、裂隙发育，如果存在特殊地质构造，应调整装药参数或采用间隔装药形式、增加堵塞长度等措施；装药过程中发现装药量与装药高度不符时，应说明该炮孔可能存在裂缝并及时检查原因，采取相应措施。⑥在靠近建（构）筑物、居民区及社会道路较近的地方实施爆破作业，必须根据爆破区域周围环境条件，采取有效的防护措施。常用的飞石、滚石安全防护方法有：a.立面防护。在坡脚、山体与建筑物或公路等被保护物间搭设足够高度的防护排架进行遮挡防护，在坡脚砌筑防滚石堤或挖防滚石沟。b.保护物近体防护。在被保护物表面或附近空间用竹排、沙袋或铁丝网等进行防护。c.爆区表面覆盖防护。根据爆区距离保护物的远近，可采用特种覆盖防护、加强覆盖防护、一般防护等。⑦如果工程有多处陡壁悬崖，要及时清理山体上的浮石、危石，确保施工安全。

六、松动爆破

松动爆破技术是指充分利用爆破能量，使爆破对象成为裂隙发育体，不产生抛掷现象的一种爆破技术，它的装药量只有标准抛掷爆破的40%～50%。松动爆破又分普通松动及加强松动爆破。松动爆破后岩石只呈现破裂和松动状态，可以形成松动爆破漏斗，爆破作用指数 $n \leqslant 0.75$。该项技术已广泛应用于各类工程爆破之中，并取得了显著的经济效益。在煤炭开采中，松动爆破为多种采煤方法的应用起助采作用，属于助采工艺，特别是在煤层中含有夹研带的开采中，因此，研究松动爆破技术对于提高煤炭开采效果具有重要意义。

松动爆破（Loosening Blasting）是炸药爆炸时，岩体被破碎松动但不抛掷，它的装药量只有标准抛掷爆破的40%～50%。松动爆破的爆堆比较集中，对爆区周围未爆部分的破坏范围较小。

（一）爆破机理

1.煤岩体松动爆破的机理

由钻孔爆破学可知，钻孔中的药卷（包）起爆后，爆轰波就以一定的速度向各个方向传播，爆轰后的瞬间，爆炸气体就已充满整个钻孔。爆炸气体的超压同时作用在孔壁上，压力将达几千到几万兆帕。爆源附近的煤岩体因受高温高压的作用而压实，强大的压力作用结果，使爆破孔周围形成压应力场。压应力的作用使周围媒体产生压缩变形，使压应力场内的煤岩体产生径向位移，在切向方向上将受到拉应力作用，产生拉伸变形。由于煤岩的抗拉伸能力远远低于抗压能力，故当拉应变超过破坏应变值时，就会首先在径向方向上产生裂隙。在径向方向上，由于质点位移不同，其阻力也不同，因此，必然产生剪应力。如果剪应力超过煤岩的抗剪强度，则产生剪切破坏，产生径向剪切裂隙。此外，爆炸是一个高温高压的过程，随着温度的降低，原来由压缩作用而引起的单元径向位移，必然在冷却作用下使该单元产生向心运动，于是单元径向呈拉伸状态，产生拉应力。当拉应力大于煤岩体的抗拉强度时，煤岩体将呈现拉伸破坏，从而在切向方向上形成拉伸裂隙，钻孔附近形成了破碎带和裂隙带。

另外，由于钻孔附近的破碎带和裂隙带的影响，破坏了煤岩体的整体性，使周围的煤岩体由原来的三向受力状态变为双向受力状态，而靠近工作时又变为单向受力状态，从而使煤岩体的抗压强度大为降低，在顶板超前支承压力作用下，增大了煤岩的破碎程度，采煤机的切割阻力减小，加快了割煤速度，从而起到了松动煤体的作用。

2.不耦合装药的机理

利用耦合装药（即药包和孔壁间有环状空隙），空隙的存在削减了作用在孔壁上的爆压峰值，并为孔间提供了聚能的临空，而削减后的爆压峰值不致使孔壁产生明显的压缩破坏，只切向拉力使炮孔四周产生径向裂纹，加之临空而聚能作用使孔间连线产生应力集中，孔间裂纹发展，而滞后的高压气体沿缝产生"气刀"劈裂作用，使周边孔间连线上裂纹全部贯通。

（二）安全要求

1.凿岩

（1）凿岩前清除石方顶上的余渣，按设计位置清出炮孔位。

（2）凿岩人员应戴好安全帽，穿好胶鞋。

（3）凿岩应按本方案设计，对掏槽眼（辅助眼）、周边眼应根据孔距、排距、孔眼深和孔眼倾斜角进行操作。

（4）孔眼钻凿完毕后，应清除岩浆，并用堵塞物临时封口，以防碎石等杂物掉入孔内。

2.装药

①本工程采用乳化装药，各单孔采用非电毫秒微差雷管，集中后由微差电雷管引爆；②单孔药量和分药量，分段情况应按本设计方案进行，装药后应认真做好堵塞工作，留足堵塞长度，保证堵塞质量。

3.起爆

（1）各单孔内分段和各单孔间分段应严格按设计施工，严禁混装和乱装。

（2）孔外电雷管均为串联连接，电雷管应使用同厂同批产品，连接前应用爆破欧姆表量测每只电雷管电阻值，并保证在 ±0.2 的偏差内。

（3）起爆电雷管应用胶布扎紧，并将其短路后置于孔边，待覆盖完成后再次导通，并进行全网连接。

（4）网络连接后，应测出网路总电阻，并与计算值相比较，若差值不相符合，应查明原因，排除故障，防止错接、漏接。

（5）起爆电源若为直流电，则通过每只电雷管的电流不得小于2.5A，若为交流电则不少于4A。

（6）起爆前，网络连接好的爆破组线应短路并派专人看管，待警戒好后指挥起爆人员下达命令后方可接上起爆电源，下达起爆指令后方可充电起爆。若发生拒爆，应立即切断电源，并将组线短路；若使用延期雷管，应在短路不少于15 min方可进入现场，待查出原因，排除故障后再次起爆。

4.警戒

做好安全警戒工作是保证安全生产的重要措施，所有警戒人员应听从警戒指导小组下达的指令，做好各警点的警戒工作。

具体的安全警戒措施如下：

（1）做好安民告示，向周围单位和居民送发爆破通知书，说明爆破及有关注意事项，并在明显地段张贴公安局、业主、施工单位联合发布的爆破通知；

（2）当爆破作业开始警戒时应吹哨，各警戒人员各就各位，通知工地所有人员撤离到爆破现场以外安全区；

（3）当起爆指挥员接到警戒员已做好警戒工作的通知，起爆员接到指令，应为吹三声长哨，开始充电，后再次吹三声短哨起爆；

（4）起爆后，应过5 min后，爆破作业员方可进入爆区检查爆破情况确认安全起爆无险情后，吹一声长哨解除警戒放行。

七、硐室爆破

硐室爆破是指将大量炸药集中装填于设计开挖成的药室内，达到一次起爆大量炸药、完成大量土石方开挖或抛填任务的爆破技术。硐室爆破的主要特点是效率高，但对周围环境和地质环境要求较高。通过形成缓冲垫层处理采空区的硐室爆破实践，将单层单排几个硐室爆破方案改进为双层双排层硐室群爆破方案，并拓展采用了纵向立体错位、同向诱导崩塌的硐室群爆破技术；同时改进硐室工程布置和填塞形式，形成了条形药包准空腔装药结构。

（一）技术方案

1.最小废石缓冲垫层厚度的确定

当采空区上部的岩体发生冒落时，冒落体的势能转化为对空区内部空气压缩做功和对采空区下部结构体的冲击做功。在采空区的底部保留一定厚度的废石缓冲垫层，可以起到消减风速风压和吸收冲击能的作用。

从消减风速风压和吸收冲击能两种角度分别进行了废石缓冲垫层厚度的理论

计算，结合矿山900 m中段以上的空区实际，最终确定废石缓冲垫层厚度最小值为20 m。

2.硐室爆破方案

根据采空区的形状和位置，基于强制诱导崩落的思路，提出了以空区本身作为自由面，采用硐室爆破崩落上盘围岩使空区顶板处于拉应力状态的技术方案。工程实施中将整个硐室由中心向两翼集中爆破分次完成，先形成散体中心垫层，以防止在空区最大拉应力处产生的零星冒落冲击下部采场顶柱。同时按照拱形冒落原理，选取980 m水平、950 m中段作为诱导空区冒落的主要水平，采用双层单排混合方式布置硐室。

（二）方案评述

（1）相邻两侧硐室堵塞和清除任务繁重以首次三个硐室爆破为例，其爆区相邻两侧的两个硐室均位于爆破的地震波破坏范围内，为避免破坏，爆破前必须将其堵塞；而下次爆破前又须将其堵塞料清除，然后再装药、堵塞，如此，加重了堵塞和清除任务。

（2）缓冲垫层形成厚度不均，增加了矿石的贫化损失矿柱回收是在按自然安息角堆积成锥体形状废石缓冲垫层下进行的，采用单层单排几个硐室爆破时，间柱和底柱上部缓冲垫层存在着厚度和块度不均的情形。按照放矿规律，在回收这部分矿石时，同厚度均匀但高差相对较小的台体缓冲垫层相比，锥体形状废石缓冲垫层中块度较小的废石容易首先获得能量向放矿口移动，造成矿石贫化；当矿石贫化到一定程度后放出的矿石品位小于截止放矿品位，导致放矿结束，这样不仅降低了矿石的回收率，也增加了矿石的损失。

（3）施工组织频繁，缓冲垫层形成进度缓慢因硐室爆破使用炸药量较大，为确保爆破成功，从运药、装药、堵塞、模拟试验、安保、警戒等环节安全要求极高；但由于空区处理工作的紧迫性，必须频繁组织实施爆破，势必会与矿山正常生产相互干扰；此外，由于单层单排几个硐室一次爆破时形成的缓冲垫层废石量较小，必将延长了缓冲垫层形成的进度。

正是因为以上不足，需要在后期的爆破实践中对硐室爆破方案进行改进。

（三）方案改进

1.将几个硐室爆破方案改进为硐室群爆破方案

（1）采用群药包的联合微差爆破，进一步加强应力波的叠加作用，提高缓冲垫层形成的质量采用硐室群的爆破可充分利用微差爆破的原理，相邻、上下药包是在先爆药包的应力波尚未完全消失时起爆的，几组硐室的爆炸应力波相互叠加，形成了极高的复杂应力场，有利于岩石破裂并形成了很强的抛掷能力；同时，岩块在空中相遇，相互碰撞作用加强，产生补充破碎作用。正是上述两种作用，岩石得到充分破碎，可改善爆破效果，降低岩石大块率，提高缓冲垫层形成的质量。

（2）减少爆破次数，实现平行作业，加快缓冲垫层形成进度和前期的单层单排几个硐室爆破方案相比，双层单排硐室群集中爆破时，可减少爆破次数，不须对相邻的硐室进行频繁的堵塞和清除，能有效地降低作业强度；同时，由于双层单排硐室群存在两个独立通道，可实现两个水平的运药和填塞工序平行作业。这样，不仅加快了整体缓冲垫层形成进度，而且有效促进矿山下部开采安全环境的形成。

2.采用纵向立体错位、同向诱导崩塌的硐室群爆破技术

硐室群爆破时，尽可能使爆破的硐室在纵向上形成立体错位，从而实现同一自由面方向上围岩的诱导崩塌，达到有效增加爆破散体岩量、提高横向上缓冲垫层厚度均匀分布的目的。

（1）能充分发挥药包连心线上裂纹的产生和扩展作用，有利于增加爆破散体岩量。正是在以上分析的基础上，和纵向上下对应的硐室群布置方式相比，采用纵向立体错位的硐室群布置方式，裂纹沿药包连心线开裂和扩展的空间更大，裂纹作用发挥得更充分，有利于增加爆破散体岩量。

（2）有利于增加新的自由面，充分实现硐室群间围岩的诱导崩塌，增加爆破散体岩量由于硐室工程设计时，考虑充分利用地下已有采矿工程和新实施硐室工程的排渣、通风、掘进等因素，选取的两层硐室工程高程相差为30 m，最小抵抗线为15 ~ 19 m，但由于硐室剖面形态各异，无法实现两层药包的上下破裂半径方向上相切贯通，导致爆破岩量不能大幅度增加，但分析几个错位对应的硐室剖面，由于其破裂半径之间相互叠加，可利用上层硐室爆破后新形成的爆破漏

斗侧边及漏斗体外的裂纹来增加下层后爆硐室的自由面，从而增加爆破散体岩量。此外，由于爆破应力波和爆生气体的作用，错位对应的硐室群间围岩已形成了不同程度的贯穿裂纹，随着时间的推移，这部分围岩已被诱导将会产生失稳冒落，也必然会增加散体岩量。

（3）可提高缓冲垫层横向上厚度分布的均匀性，为覆岩下矿柱的回收创造良好条件由于高程的不同，相同药量条件下，上层硐室群比下层硐室群爆破后岩石抛掷距离远，这将对于缓冲垫层在空区上、下盘间的形成十分有利，但由于硐室间隔的存在和岩石按自然安息角形态堆积的影响，在空区横向上会存在缓冲垫层厚度不连续的情形，而采用纵向立体错位布置硐室群恰好弥补了这一缺陷，可提高缓冲垫层在横向上厚度分布的均匀性，满足放矿时对覆盖层的要求，为矿柱的回收创造良好条件。

3.改进硐室工程布置和填塞形式，形成条形药包准空腔装药结构

条形药包因具有爆破方量多，能量分布均匀，相对地减少矿岩大块率和过粉碎等特点被广泛采用。由于硐室布置在空区的上盘，为保证施工安全和堵塞方便，无法采用标准的条形药包布置形式。通过改进硐室工程布置，将爆破硐室平行于平巷设计，在横巷和硐室间增加联络道，并将前期的T形堵塞改进为L形堵塞，可达到有效减少填塞工作量的目的；同时通过控制堵塞长度，达到条形药包的最优空腔比，即硐室体积与药室体积之比达到4～5（相当于不耦合系数为2～2.24），这样便形成了条形药包准空腔装药结构。改进后的条形药包准空腔装药结构在爆破作用过程中，一方面，降低了爆炸冲击波的峰值压力，避免了对围岩的过破碎；另一方面，延长了应力作用时间，由于冲击波往返的多次作用，使得应力场增强的同时，获得了更大的爆破冲量，提高了爆破有效能量利用率。同时在爆炸作用过程中产生二次和后续系列应力波，使岩体裂隙得到进一步扩展。因此，采用条形药包准空腔装药结构能使岩石块度更加均匀，为进一步提高缓冲垫层质量创造了有利条件。

（四）效果分析

1.硐室爆破自实施以来，按照"精心设计、严格施工、精细化管理"的要求，没有发生任何事故，爆破有害效应得到了严格的控制。

2.根据爆破实际散体量统计，900 m中段以上已形成了约26 m厚的缓冲垫

层，大于设计厚度20 m，分析散体岩量增大的原因主要有两点。一是爆破后应力重新分布造成围岩零星冒落。爆破后，由于硐室群药包的作用，距离炸药作用较远区域的围岩会产生部分未完全扩展到围岩断裂的微裂隙，随着时间推移，围岩应力重新分布达到新的平衡，在此过程中，这部分围岩会在重力作用下，产生零星冒落，从而增大散体岩量。二是硐室群空腔布药推动其间围岩移动。炸药爆炸后，上下药室的高压气体独自膨胀，在一定的时间内，气腔膨胀有可能击穿其间的岩石迅速连通成整体气腔，继续推动错位布置硐室间岩石向空区方向做功、移动，不仅改善了爆破质量，还诱导增加了围岩的崩落量，这两点在现场980 m水平28号和950 m中段26、28号硐室爆破，表现较为明显。

3.改进后的硐室群爆破从2012年开始，经历了3次较大规模的爆破，目前整个工程已基本完成。现场通过放矿统计，大块率基本控制在7% ~ 10%；缓冲垫层的堆积形状在横向、纵向和空区宽度方向上相对比较平整；900 m中段下盘穿脉口已被废石完全堵塞，这些技术要素均达到了构建空场开采安全工程体系的要求，也为消除空区灾害隐患，营造矿山下部开采安全环境奠定了良好的基础。

（五）总结

通过形成缓冲垫层处理采空区的硐室爆破实践，将单层单排几个硐室爆破方案改进为双层双排层硐室群爆破方案，并拓展采用了纵向立体错位、同向诱导崩塌的硐室群爆破技术，同时改进硐室工程布置和填塞形式，形成了条形药包准空腔装药结构。实践证明，这些技术改进不但改善了爆破效果，增加了围岩的崩落量，提高了缓冲垫层形成的质量，也丰富了硐室爆破技术体系，具有一定的推广价值。

八、毫秒爆破

利用毫秒雷管或其他毫秒延期引爆装置，实现装药按顺序起爆的方法称为毫秒爆破。毫秒爆破有以下主要优点：

第一，增强破碎作用，减小岩石爆破块度，扩大爆破参数，降低单位炸药消耗量。

第二，减小抛掷作用和抛掷距离，防止周围设备损坏，提高装岩效率。

第三，降低爆破产生的振动，防止对周围建筑物造成破坏。

第四，可以在地下有瓦斯的工作面内使用，实现全断面一次爆破，缩短爆破作业时间，提高掘进速度，并有利于工人健康。

九、水下爆破

水下爆破，指在水中、水底或临时介质中进行的爆破作业。水下爆破常用的方法有裸露爆破法、钻孔爆破法和洞室爆破法等。水下爆破原理就是利用乳化炸药爆炸时产生的爆轰现象，主要由其中的冲击波能（冲击破坏）和高能量密度气体（能产生破坏力极强的气泡脉动效应）所产生的剧烈破坏作用。将船体钢板和结构破坏爆破工程的主要材料是炸药，炸药是易燃易爆物品，在特定条件下，其性能是稳定的，储存、运输、使用时也是安全的。

水下爆破原理就是利用乳化炸药爆炸时产生的爆轰现象，主要由其中的冲击波能（冲击破坏）和高能量密度气体（能产生破坏力极强的气泡脉动效应）所产生的剧烈破坏作用将船体钢板和结构破坏，达到能清理沉船的目的。

爆破工程的主要材料是炸药，炸药是易燃易爆物品，在特定条件下，其性能是稳定的，储存、运输、使用时也是安全的。进行爆破作业时，最重要的是怎样使效率提高、完全发生爆炸并且能安全进行操作。参与爆破工程施工作业人员应当要掌握、熟悉所用炸药的性能，在适合的炸药中选择最便宜的炸药，熟悉掌握爆破技术的理论，用最合适的方法进行作业，参与爆破工程施工作业人员应当遵守法律所规定的安全规则，从而积极地按照实际情况进行安全操作。

任何工程都是以安全第一为目标。所以在现场使用炸药和接触炸药的人员，在从事操作过程中首先必须事事考虑的是安全第一，尽量避免或杜绝爆炸事故的发生。

需要爆破的介质自由面位于水中的爆破技术，主要用于河床和港口的扩宽加深、清除暗礁、水下构筑物的拆除、水下修建隧洞的进水口等。水下爆破和陆地爆破的原理大致相同，但因水的不可压缩性及压力、水深、流速的影响，它又具有许多特点：要求爆破器材具有良好的抗水性能，在水压作用下不失效，并不过分降低其原有性能；由于水的传爆能力较大，在爆破参数设计时要注意殉爆影响；施工方法上必须考虑水深、流速、风浪的影响，钻孔定位、操作、装药、连接爆破网路要做到准确可靠都较困难；水能提高裸露药包的破碎效果，但炸药的爆炸威力随水深、水压的增加而降低，爆破效果较差；在等量装药的情况下，水下爆破产生的地震波比陆地爆破要大，水中冲击波的危害较突出。

（一）水下爆破工程作业流程

水下爆破是一项复杂的工程，涉及的因素很多，诸如天气、海水能见度、海潮状况、水流状态、水下作业深度等，特别是爆炸物品均储放在作业船上，其安全性尤为重要。因此进行水下爆破作业时必须严格按照制定的安全规则、作业方案、海情状况进行爆破作业。

（二）水下爆破作业流程

1.资质的审核

立项做水下爆破工程时，首先要对承接爆破作业单位和其工程技术人员的资格进行资质审核（该项工作需要工程甲方单位协助到当地公安部门进行审核），并办理水下爆破工程的相关手续，只有在当地公安部门（县、市级）批准的情况下，才能实施水下爆破工程。在通航的海域进行水下爆破时，一般应在3d之前由港监发布爆破施工通告。

2.探摸

在实施水下爆破工程前，首先要了解须爆破清除船只的有关具体情况（沉船的结构参数、沉船姿态、所处水深、淤泥掩埋状况、沉船海域的海况等一系列相关情况）。

3.制订爆破方案

根据潜水员的水下探摸情况及对清航的要求，制订出切实可行的爆破方案。方案中包括工程所需的爆破器材的需求量和品种、爆破指挥机构和作业人员的组成（包括在爆破技术专业人员指导下参与工作的甲方人员）及分工、安全作业规则等。

4.采购爆炸器材

到当地公安部门批准的单位（指定的商业部门和工厂）预定或采购订制爆破器材（主要是根据水深订制生产相适合的炸药）。爆破器材到位后，应将所有的爆破器材按其功能和危险等级分别放置在作业船舶规定的安全区域内（炸药可以码放在甲板上，并用苫布盖好，起爆器材放到距离炸药安全距离外的专用船舱内的可锁铁皮柜子内），炸药和起爆器材必须严格分离存放，其距离必须符合规定的安全距离之外。

5.爆破作业前的准备工作

到达作业海域后，作业船舶应在有利于爆破作业（探摸和下炸药）的地方定位抛锚停泊。根据爆破方案准备爆破器材（甲方人员可以在爆破技术专业人员的指导下协助捆扎炸药条和其他的准备工作）；按爆破方案潜水员进行水下探摸及布设炸药前期的其他准备工作（如对布放炸药线路上的船体钢板进行电焊打孔、安放捆扎固定炸药条的物品、安置布设炸药网络的标识物等）。

6.布放炸药作业

在完成所有爆破作业前的准备工作后（尤其是要了解作业海域的天气是否能连续作业多天的可行性。因为一旦布放了炸药就要在最短的时间内进行爆破，炸药长时间在水下浸泡将影响炸药的性能甚至完全失效，这一点非常重要），才能实施布放炸药的作业。布放炸药时，必须严格按照爆破专业技术人员制定的工艺要求进行布放；炸药布放完毕后，须指派有经验的潜水员对安放的炸药进行复查（主要检查炸药条是否按要求进行布放、捆绑；有无漏捆、断接的地方；炸药网络"T"字形处炸药的搭接方向是否一致等重要部位的情况），在潜水员出水报告布放的炸药达到作业规定要求后，才能安放最终起爆装置（起爆头）实施爆破作业。

7.点火起爆

作业母船驶离爆破作业点并在安全距离之外巡海等候，爆破现场只留执行爆破点火作业的小船，小船上只留有必要的作业人员。作业母船按照有关规定在爆破海域施放警报，瞭望巡视附近海面确无其他船只航行时，工程总指挥方能下令点火作业人员实施起爆作业。

8.清除油污

爆破作业实施后，作业母船返回作业地点，如果作业海域有油污，则首先须进行油污清除工作。

9.探摸爆炸效果

等作业海域的海况符合作业条件后（主要指海水能见度达到一定的清晰度），派潜水员下水对爆破效果进行探摸（爆破后沉船体将产生许多锋利破碎钢板，为确保潜水员的安全，严禁重潜人员下水探摸！探摸任务应由背气瓶的轻潜人员担任）。

10.再次爆破的准备或收工撤场

根据潜水员的探摸情况，制订出下一步的方案：①须进行再次爆破，则须制订出下一步的爆破方案，进行下一轮的爆破准备工作；②已完成爆破工程任务则收工撤离现场返回基地港口。

（三）水下爆破的安全规则

炸药是易燃易爆物品，在特定条件下，其性能是稳定的，储存、运输、使用时也是安全的。由于水下爆破工程的特殊性，爆破器材一般集中存放在作业船上指定的安全区域（炸药和起爆器材必须严格分别放置在规定的安全距离之外），不排除意外的爆炸事件也会发生！所以安全工作特别重要，为确保作业人员和作业船舶的安全，在实施爆破工程过程中，必须严格按照有关的安全规则进行爆破作业。

（1）装载爆破器材的船舶的船头和船尾要按规定悬挂危险品标志，夜间和雾天要有红色安全灯。

（2）遇浓雾、大风、大浪无法作业驶回锚地时，停泊地点距其他船只和岸上建筑物250 ~ 500 m。

（3）从装药条开始至爆破警报解除的时间内，作业母船需要加强瞭望、注意过往船舶的航向，防止无关船只误入危险区，过往船只不得进入爆破危险区域或靠近爆破作业船。

（4）爆破器材必须按照其功能和危险等级分别存放，与爆破器材无关的杂物不得共同存放。在存放炸药的甲板区域，不得有尖锐的突出物。炸药必须码放整齐并用苫布遮盖，严禁任何人员在该区域抽烟和其他的明火作业。

（5）潜水爆破工程作业时，尤其是在海上作业，为确保作业安全，起爆装置必须采用非电起爆系统。起爆系统必须由专业人员制作，必须放置在离炸药安全距离之外的专用舱室内的可锁铁皮柜子内，由爆破技术专业人员保管。

（6）在水下布设炸药作业时、完成后，禁止进行电氧切割、电焊或其他与爆破无关的水下作业。

（7）必须使用锋利的刀具切割导火索、导爆索，严禁使用钝的刀具进行切割作业。

（8）起爆点火作业船上的人员，作业时必须穿好救生衣，禁止无关人员乘坐起爆点火作业船只。

（9）导火索必须使用暗火（如香烟）或专用点火器具进行点火作业。

（10）盲炮应及时处理，遇有难处理而又危及航行船舶安全的盲炮，应延长警戒时间，继续处理直至排除盲炮。

（11）炸药和起爆器材严禁重摔、拍砸；用于深水区域的爆破器材必须具有足够的抗压性能，或采取有效的抗压措施（起爆器材必须密封防水）；传爆网络的塑料导爆管严禁有打结、压扁、表皮划破、拉抻变细等现象；爆破工程完成后的剩余爆破器材，必须采用适当的方式进行销毁处理，炸药严禁带回作业船舶的基地港口。

第五节　爆破安全控制

一、爆破安全保障措施

（一）技术措施

（1）方案设计：严格依据《爆破安全规程》中的有关规定，精心设计、精确计算并反复校核，严格控制爆破震动和爆破飞石在爆破区域以外的传播范围和力度，使其恒低于被保护目标的安全允许值以下，确保安全。

（2）施工组织：严格依据本设计方案中的各种设计计算参数进行施工，工程技术人员必须深入施工现场进行技术监督和指导，随时发现并解决施工中的各种安全技术问题，确保方案的贯彻和落实。

（3）针对爆破震动和爆破飞石对铁路、高压线的影响，在施工中从北侧开始进行钻孔并向北90度钻孔，控制飞石的飞散方向；孔排距采用多打孔、少装药的方式进行布孔，控制单孔药量；填塞采用加强填塞方式，控制填塞长度；起爆方式采用单排逐段起爆方式，减小爆破震动；开挖减震沟，阻断地震波的传播。

（二）警戒和防护措施

爆破飞石的大规模飞散，虽然可以通过技术设计进行有效控制，但个别飞石的窜出则难以避免，为防止个别飞石伤人毁物，将采取以下措施确保安全：

（1）设定警戒范围：以爆破目标为中心，以300 m为半径设置爆破警戒区，封锁警戒区域内所有路口，禁止车辆和行人通过（和交通管理部门进行协调，由交警进行临时道路封闭）。

（2）密切和业主之间的协调工作，划定统一的爆破时间，利用各个施工作业队中午休息的时间进行爆破施工，尽量排除爆破施工对其他施工队的影响。

（3）爆破安全警戒措施。①爆破前所有人员和机械、车辆、器材一律撤至指定的安全地点。安全警戒半径，室内200 m，室外300 m。②爆破安全警戒人员，每个警戒点甲、乙双方各派一人负责。警戒人员除完成规定的警戒任务外，还要注意自身安全。③爆破的通信联络方式为对讲机双向联系。④爆破完毕后，爆破技术人员对现场检查，确认无险情后，方可解除警戒。⑤爆破提前通知，准时到位，不得擅自离岗和提前撤岗。⑥统一使用对讲机，开通指定频道，指挥联络。⑦各警戒点、清场队、爆破人员要准确清楚迅速报告情况，遇有紧急情况和疑难问题要及时请示报告。⑧各组人员要认真负责，服从命令听指挥，不得疏忽遗漏一个死角，确保万无一失，在执行任务中哪一个环节出了差错或不负责任引起后果，要追究责任，严肃处理。

（4）装药时的警戒。

装药及警戒：装药时封锁爆破现场，无关人员不得进入。

装药警戒距离：距爆破现场周围100 m，具体由爆破公司负责。

（5）警戒信号：预告信号，警报器一长一短声；起爆信号，警报器连续短声；解除信号，警报器连续长声。

（6）警戒要求。①警戒人员应熟悉爆破程序和信号，明确各自任务并按要求完成；②警戒人员头戴安全帽，站在通视好又便于隐蔽的地方；③起爆前，遇到紧急情况要按预定的联络方式向指挥部汇报；④爆破后，在未发出解除警报前，警戒人员不得离岗。

（三）组织指挥措施

爆破时的人员疏散和警戒工作难度大，为统一指挥和协调爆破时的安全工作，拟成立一个由建设单位、施工单位共同参加的现场临时指挥部，负责全面指挥爆破时的人员撤离、车辆疏散、警戒布置、相邻单位通知及意外情况处理等安全工作。

（四）炸药、火工品管理

1.炸药、火工品运输

雷管、炸药等火工品均由当地民爆公司按当天施工需要配送至爆破现场。

2.炸药、火工品保管

炸药等火工品运到爆破现场后，由两名保管员看管。装药开始后，由专人负责炸药、火工品的分发、登记，各组指定人员专门领取和退还炸药、火工品，分发处设立警戒标志。

由专人检查装药情况，专人统计爆炸物品实用数量和领用数量是否一致。

装药完毕，剩余雷管、炸药等火工品分类整理并由民爆公司配送返回仓库。

3.炸药、火工品使用

（1）严格按照《爆破安全规程》管理部门要求和设计执行。

（2）各组由组长负责组织装药。

（3）现场加工药包，要保管好雷管、炸药，多余的火工品由专人退库。

（4）向孔内装填药包，用木质填塞棒将药包轻轻送入孔底，填土时先轻后重，力求填满捣实，防止损伤脚线。

二、爆破工程事故应急预案

结合工程的施工特点，针对可能出现的安全生产事故和自然灾害制订本工程施工安全生产应急预案。

（一）基本原则

（1）坚持"以人为本，预防为主"，针对施工过程中存在的危险源，通过强化日常安全管理，落实各项安全防范措施，查堵各种事故隐患，做到防患于未然。

（2）坚持统一领导，统一指挥，紧急处置，快速反应，分级负责，协调一致的原则，建立项目部、施工队、作业班组应急救援体系，确保施工过程中一旦出现重大事故，能够迅速、快捷、有效地启动应急系统。

（二）应急救援领导组职责

应急救援协调领导组是项目部的非常设机构。负责本标段施工范围内的重大事故应急救援的指挥、布置、实施和监督协调工作，及时向上级汇报事故情况，指挥、协调应急救援工作及善后处理，按照国家、行业和公司、指挥部等上级有关规定参与对事故的调查处理。

应急救援领导小组共设应急救援办公室、安全保卫组、事故救援组、医疗救援组、后勤保障组、专家技术组、善后处理组、事故调查处理组八个专业处置组。

（三）突发事故报告

1.事故报告与报警

施工中发生重特大安全事故后，施工队迅速启动应急预案和专业预案，并在第一时间内向项目经理部应急救援领导小组报告，火灾事故同时向119报警。报告内容包括事故发生的单位，事故发生的时间、地点，初步判断事故发生的原因，采取了哪些措施及现场控制情况，所需的专业人员和抢险设备、器材、交通路线、联系电话、联系人姓名等。

2.应急程序

（1）事故发生初期，现场人员采取积极自救、互救措施，防止事故扩大，指派专人负责引导指挥人员及各专业队伍进入事故现场。

（2）指挥人员到达现场后，立即了解现场情况及事故的性质，确定警戒区域和事故应急救援具体实施方案，布置各专业救援队任务。

（3）各专业咨询人员到达现场后，迅速对事故情况做出判断，提出处置实施办法和防范措施；事故得到控制后，参与事故调查及提出整改措施。

（4）救援队伍到达现场后，按照应急救援小组安排，采取必要的个人防护措施，按各自的分工开展抢险和救援工作。

（5）施工队严格保护事故现场，并迅速采取必要措施抢救人员和财产。因抢救伤员，防止事故扩大及疏通交通等原因需要移动现场时，必须及时做出标志、摄影、拍照、详细记录和绘制事故现场图，并妥善保存现场重要痕迹、物证等。

（6）事故得到控制后，由项目经理部统一布置，组织相关专家，相关机构和人员开展事故调查工作。

（四）突发事故的应急处理预案

1.非人身伤亡事故

（1）事故类型

根据本行业的特点及对相关事故的统计，主要有以下三种：①漏联、漏爆，拒爆；②爆破震动损坏周围建筑物和有关管线；③爆破飞石损坏周围建筑物和有关管线。

（2）预防措施

①严密设计，认真检查；②利用微差起爆技术降低爆破震动；③对爆破部位加强覆盖，合理选择堵塞长度；④爆破前，通过爆破危险区域的供电、供水和煤气线路必须停止供给30 min，以防爆破震动引起供电线路短路，造成大面积停电或发生电器火灾，或供水、供气管道泄漏事故。

（3）应急措施

出现非人身伤亡事故，采取以下应急措施：①现场技术组及时将情况向爆破指挥部报告；②警戒组立即在事故外围设置警戒，阻止无关人员进入，防止事故现场遭到破坏，为现场实施急救排险创造条件；③现场急救排险组立即开始工作，在不破坏事故现场的情况下进行排险；④后勤组按既定方案进行物资和材料供应，将备用物资和材料及时运送到位，并安排好其他各项后勤工作；⑤判断事故严重程度以确定应急响应类别，超过本公司范围时应申请扩大应急，申请甲方、街道甚至区级支援，并与甲方、区级应急预案接口启动。

2.人身伤亡事故

（1）事故类型

①爆破飞石伤及人或物；②火工品加工、装填过程中，如不按规程操作，可能发生意外爆炸伤人事故。

（2）预防措施

①进入施工现场的工作人员必须戴安全帽；②爆破施工前对工作人员进行安全教育，逐一指出施工现场的危险因素；③火工品现场加工现场拉警戒线，非施工人员不得靠近；④请求公安和有关部门配合爆破警戒、交通阻断工作，同时做好应对不测情况的安全保卫工作；⑤请求医疗急救中心配合爆破时的紧急救护工作。

（3）应急措施

发生人身伤亡事故，立即报警戒、报告，同时展开援救工作。

（1）现场技术立即报警，并向甲方、爆破公司报告，并由甲方和爆破公司逐级上报有关主管部门。

（2）警戒组立即在事故外围设置警戒，阻止无关人员进入，防止事故现场遭到破坏，为现场实施急救排险创造条件。

（3）现场急救排险组立即开始工作，在不破坏事故现场的情况下进行排险抢救，并与当地公安机关和医疗急救机构保持密切联系，将事故进行控制，防止事故进一步扩大。

3.预防火灾事故的应急处理预案

发生火灾时，先正确确定火源位置，火势大小，及时利用现场消防器材灭火，控制火势，组织人员撤出火区；同时拨打119火警电话和120抢救电话寻求帮助，并在最短时间内报告项目经理部值班室。

4.食物中毒应急救援措施

（1）发现异常情况及时报告。

（2）由项目副经理立即召集抢救小组，进入应急状态。

（3）由卫生所长判明中毒性质，初步采取相应排毒救治措施。

（4）经工地医生诊断后如须送医院救治，联络组与医院取得联系。

（5）由项目副经理组织安排使用适宜的运输设备（含医院救护车）尽快将患者送至医院。

（6）由项目副经理组织对现场进行必要的可行的保护。

5.突发传染病应急救援措施

（1）发现疫情后，项目副经理等人立即封锁现场，及时报告项目经理和所在地区疾控中心。

（2）项目经理召集救护组进入应急状态。

（3）由卫生所长组织调查发病原因，查明发病人数。

（4）项目经理部由项目副经理负责控制传染源，对病人采取隔离措施，并派专人管理，及时通知就近医院救治。

（5）切断传播途径，工地医生对病人接触过的物品，要用84消毒液进行消毒，操作时要戴一次性口罩和手套，避免接触传染。

保护易感染人群，发生传染病暴发流行时，生活区要采取封闭措施，禁止人员随便流动，防止疾病蔓延。

第五章　混凝土坝工程施工技术

————·◆·——

第一节　施工组织计划

混凝土坝按结构特点可分为重力坝、大头坝和拱坝；按施工特点可分为常态混凝土坝、碾压混凝土坝和装配式混凝土坝；按是否通过坝顶溢流可分为非溢流混凝土坝和溢流混凝土坝。混凝土坝泄水方式除坝顶溢流外，还可在坝身中部设泄水孔（中孔）以便洪水来临前快速预泄，或在坝身底部设泄水孔（底孔）用以降低库水位或进行冲沙。

混凝土坝的主要优点是：①可以通过坝身泄水或取水，省去专设的泄水和取水建筑物；②施工导流和施工度汛比较容易；③枢纽布置较土石坝紧凑，便于运用和管理；④当遇偶然事故时，即使非溢流坝顶漫流，也不一定失事，安全性较好。其主要缺点是：①对地基要求比土石坝高，混凝土坝通常建在地质条件较好的岩基上，其中混凝土拱坝对坝基和两岸岸坡岩体强度、刚度、整体性的要求更高，同时要求河谷狭窄对称，以充分发挥拱的作用（当坝高较低时，通过采取必要的结构和工程措施，也可在土基上修建混凝土坝，但技术比较复杂）；②混凝土坝施工中需要温控设施，甚至在炎热天气情况下不能浇筑混凝土；③利用当地材料较土石坝少。

拱坝要求地基岩石坚固完整、质地均匀，有足够的强度、不透水性和耐久性，没有不利的断裂构造和软弱夹层，特别是坝肩岩体，在拱端力系和绕坝渗流等作用下要能保持稳定，不产生过大的变形。拱坝地基一般须做工程处理，通常对坝基和坝肩做帷幕灌浆、固结灌浆，设置排水孔幕，如有断层破碎带或软弱夹层等地质构造，须做加固处理。

混凝土坝的安全可靠性计算主要体现在两个方面：①坝体沿坝基面、两岸岸坡坝座或沿岩体中软弱构造面的滑动稳定有足够的可靠度；②坝体各部分的强度有足够的保证。

一、施工道路布置

混凝土水平运输采用自卸汽车运输，结合工程地形及各部位混凝土施工的具体情况，混凝土水平运输路线主要有以下两条：

第一种：右岸下游混凝土拌和系统—下游道路—基坑，运距600 m，该道路自基坑混凝土填筑施工时开始填筑，填筑至高程1285 m，完成高程1285 m以下混凝土浇筑后，清除该道路后进行护坦、护坡及消力池施工。

第二种：右岸下游混凝土拌和系统—右岸上坝公路，运距600～1000 m，顺延高程逐渐增大方向边填筑边修路，完成1285～1319.20 m高程填筑任务，本道路为本主体工程混凝土施工主干道。

二、负压溜槽布置

结合工程地形情况，大坝混凝土垂直入仓方式采用负压溜槽（$\phi500$）。考虑到混凝土拌和系统布置在左岸，故将负压溜槽布置在左坝肩1319.20 m拱端上游侧。混凝土运输距离近，且不受汛期下游河道涨水道路中断影响。负压溜槽主要担负1311～1319.20 m高程碾压混凝土施工。

三、施工用水

大坝混凝土施工用水：根据现场条件，在右岸布置1座200 m³水池，水池为钢筋混凝土结构，布设$\phi100$ mm钢管作为以保证大坝混凝土浇筑、灌浆、通水冷却施工等用水。水源主要以上游围堰通过机械抽水引至右岸200 m³高位水池为主，右岸上下游冲沟$\phi40$ mm管2根山泉自流水引至高位水池为辅。

砂石生产系统和混凝土拌和系统用水：从右岸200 m³高位水池通过$\phi80$ mm引至拌和站、$\phi40$砂石系统等施工用水。

生活区用水：在大坝右岸坝肩平台上方，建造一个容量为45 m³的钢筋混凝土水池作为生活用水池，同时也作为大坝施工用水备用水池。

四、施工用电

由业主提供的生活营地下右侧山包1312 m高程平台低压配电柜下口接线

端，搭接电缆至大坝施工部位，拌和系统部位以保证大坝混凝土浇筑等施工用电需求。

砂石生产系统用电：采用砂石生产系统山体侧取380V电源（专用1台630kVA变压器），供砂石生产系统半成品和成品加工用电、生活用水等。

生活区用电：采用大坝右岸生活营地上方山包1312m高程平台配电所所取380V电源（专用1台430kVA变压器），供生活用电。

五、主要施工工艺流程

主要施工工艺流程如下：施工准备→混凝土配制→混凝土运输→混凝土卸料→摊平→浇捣及碾压→切缝→养护→进入下个循环。

六、施工准备

（一）混凝土原材料和配合比

将原材料质量进行检测，如下：

（1）水泥：水泥品种按各建筑物部位施工图纸的要求，配置混凝土所需的水泥品种，各种水泥均应符合本技术条款指定的国家和行业的现行标准及本工程的特殊要求。在每批水泥出厂前，实验室均应对制造厂水泥的品质进行检查复验，每批水泥发货时均应附有出厂合格证和复检资料。每60t取一组试样，不足60t时每批取一组试样按规定进行密度、烧失量、细度、比表面积、标准稠度、凝结时间、安定性、三氧化硫含量、碱含量、强度等性能试验。

（2）混合材：碾压混凝土采用应优先采用Ⅰ级粉煤灰，经监理人指示在某些部位的混凝土中可掺适量准Ⅰ级粉煤灰（指烧失量、细度和SO_3含量均达到Ⅰ级粉煤灰标准，需水量比不大于105%的粉煤灰）。混凝土浇筑前28d提出拟采用的粉煤灰的物理化学特性等各项试验资料，粉煤灰的运输和储存，应严禁与水泥等其他粉状材料混装，避免交叉污染，还应防止粉煤灰受潮。

（3）外加剂：碾压混凝土中一般掺入高效减水剂（夏季施工掺高效减水缓凝剂）和引气剂，其掺量按室内试验成果确定。依据《混凝土外加剂》对各品种高效减水（缓凝）剂、引气剂、早强剂进行检测择优，检测项目有减水率、泌水率比、含气量、凝结时间差、最优掺量和抗压强度比，选出1～2个品种进行混凝土试验。依据《喷射混凝土用速凝剂》对不同速凝剂掺量检测其净浆凝结时间、1d抗压强度、28d抗压强度比、细度、含水率等。依据《混凝土膨胀剂》（JC 476—1998）对不同膨胀剂检测其细度、凝结时间、限制膨胀率、抗压抗折强度等，选出1～2个品种进行净浆试验。

（4）水：一般采用饮用水，如有必要依据《混凝土拌合用水标准》进行包括pH值（不大于4）、不溶物、可溶物、氯化物、硫化物等在内的水质分析。

（5）超力丝聚丙烯纤维：按施工图纸所示的部位和监理人指示掺加超力丝聚丙烯纤维，其掺量应通过试验确定，并经监理人批准。采购的超力丝聚丙烯纤维应符合下列技术要求：密度为900～950 kg/m³；熔点155～165℃；燃点≥550℃；导热系数≤0.5 W/km；抗酸碱性＝320 MPa；抗拉强度≥340 MPa；断裂伸长率10%～20%；杨氏弹性模量（MPa）＞3500；断裂伸长率为10%～35%；分散性应保证在水中能均匀分散；直径15～20nm；外观呈束状单丝，有光泽，白色无杂质、斑点。

（6）砂石料：为砂石系统生产的人工砂石料，依据《水工混凝土砂石骨料试验规程》检测骨料的物理性能——比重、吸水率、超逊径、针片状、云母、压碎指标、各粒径的累计质量分数、砂细度模数、石粉含量等。

（7）氧化镁：现场掺用的氧化镁材料品质必须符合水规科《水利工程轻烧氧化镁材料品质技术要求》规定的控制指标，出厂前氧化镁活性指标检测必须满足均匀性要求。氧化镁原材料到达工地必须按照水规科《水利工程轻烧氧化镁材料品质技术要求》进行分批复检，合格方能验收。当膨胀率的氧化镁总含量超过5%，尚须依据引用标准对水泥与外掺氧化镁的混合物做安定性试验。检验合格的原材料入库后要做好防潮等工作，保证其不变质。

（二）碾压混凝土配合比设计

配合比参数试验：

（1）根据施工图纸及施工工艺确定各部位混凝土最大骨料粒径，以此测试粗骨料不同组合比例的容重、孔隙率，选定最佳组合级配。

（2）外加剂与粉煤灰掺量选择试验：对于碾压混凝土为了增强可碾性，须掺一定量的粉煤灰，并联掺高效减水剂、引气剂，开展碾压各外掺物不能组合比例的混凝土试验，测试减水率、VC值、含气量、容重、泌水率、凝结时间，评定混凝土外观及和易性，成型抗压、劈拉试件。

（3）各级配最佳砂率、用水量关系试验：以二级配、0.50水灰比、用高效减水剂、引气剂与粉煤灰联掺，取至少3个砂率进行混凝土试验，评定工作性，测试VC值、含气量、泌水率，成型抗压试件。

（4）水灰比与强度试验：分别以二、三级配，在0.45～0.65之间取四个水灰比，用高效减水剂、引气剂与粉煤灰联掺进行水灰比与强度曲线试验，成型抗压、劈拉试件。三级配混凝土还成型边长30 cm试件的抗压强度，得出两组曲线之间的关系。

（5）待强度值出来后，分析参数试验成果，得出各参数条件下混凝土抗压强度与灰水比的回归关系，然后依据设计和规范技术要求选定各强度等级混凝土的配制强度，并求出各等级混凝土所对应的外掺物组合及水灰比。

（6）调整用水量与砂率，选定各部位混凝土施工配合比进行混凝土性能试验，进行抗压、劈拉、抗拉、抗渗、弹模、泊松比、徐变、干缩、线胀系数和热学性能等试验（徐变等部分性能试验送检测中心完成）。

（7）变态混凝土配合比设计，通过试验确定在加入不同水灰比的胶凝材料净浆时，浆液加入量和凝结时间、抗压强度关系。

根据试验得出的试验配合比结论，应在规定的时间内及时上报监理，业主单位审核，经批准后方可使用。

（三）提交的试验资料

在混凝土浇筑过程中，承包人应按规定和监理人的指示，在出机口和浇筑现场进行混凝土取样试验，并向监理人提交以下资料：

1. 选用材料及其产品质量证明书；

2. 试件的配料；

3. 试件的制作和养护说明；

4. 试验成果及其说明；

5. 不同水胶比与不同龄期（7d、14d、28d和90d）的混凝土强度曲线及数据；

6. 不同粉煤灰及其他掺和料掺量与强度关系曲线及数据；

7. 各龄期（7d、14d、28d和90d）混凝土的容重、抗压强度、抗拉强度、极限拉伸值、弹性模量、抗渗强度等级（龄期28d和90d）、抗冻强度等级（龄期

28d和90d）、泊松比（龄期28d和90d）；

8.各强度等级混凝土坍落度和初凝、终凝时间等试验资料；

9.对基础混凝土或监理人指示的部位的混凝土，提出不同龄期（7d、14d、28d、90d、180d、360d）的自生体积变形、徐变和干缩变形（干缩变形试验龄期直到180d），并提出混凝土热学性能指标（包括绝热温升等）。

（四）砂浆、净浆配合比设计

碾压混凝土接缝砂浆、净浆（变态混凝土用），按以下原则设计配合比：

1.接缝砂浆

接缝砂浆用的原材料与混凝土相同，控制流动度20～22 cm，以此标准进行水灰比与强度、水灰比与砂灰比、不同粉煤灰掺量与抗压强度试验，测试砂浆凝结时间、含气量、泌水率、流动度，成型7 d、28 d、90 d抗压试件。

2.变态混凝土用净浆

选择3个水灰比测试不同煤灰掺量时净浆的黏度、容重、凝结时间，7 d、28 d、90 d抗压试件。

根据试验成果，微调配合比并复核，综合分析后将推荐施工配合比上报监理工程师审批。

第二节　碾压混凝土施工

一、碾压混凝土施工前检查与验收

（一）准备工作检查

1.由前方工段（或者值班调度）负责检查RCC开仓前的各项准备工作，如机械设备、人员配置、原材料、拌和系统、入仓道路（冲洗台）、仓内照明及供排水情况检查、水平和垂直运输手段等。

2.自卸汽车直接运输混凝土入仓时，冲洗汽车轮胎处的设施符合技术要求，距大坝入仓口应有足够的脱水距离，进仓道路必须铺石料路面并冲洗干净、无污染。指挥长负责检查，终检员把它列入签发开仓证的一项内容进行检查。

3.若采用溜管入仓时，检查受料斗弧门运转是否正常、受料斗及溜管内的残渣是否清理干净、结构是否可靠、能否满足碾压混凝土连续上升的施工要求。

4.施工设备的检查工作应由设备使用单位负责（如运输车间）。

（二）仓面检查验收工作

1.工程施工质量管理

实行三检制：班组自检，作业队复检，质检部终检。

2.基础或混凝土施工缝处理的检查项目

建基面、地表水和地下水、岩石清洗、施工缝面毛面处理、仓面清洗、仓面积水。

3.模板的检查项目

（1）是否按整体规划进行分层、分块和使用规定尺寸的模板。

（2）模板及支架的材料质量。

（3）模板及支架结构的稳定性、刚度。

（4）模板表面相邻两面板高差。

（5）局部不平。

（6）表面水泥砂浆黏结。

（7）表面涂刷脱模剂。

（8）接缝缝隙。

（9）立模线与设计轮廓线偏差预。

（10）留孔、洞尺寸及位置偏差。

（11）测量检查、复核资料。

4.钢筋的检查项目

（1）审批号、钢号、规格。

（2）钢筋表面处理。

（3）保护层厚度局部偏差。

（4）主筋间距局部偏差。

（5）箍筋间距局部偏差。

（6）分布筋间距局部偏差。

（7）安装后的刚度及稳定性。

（8）焊缝表面。

（9）焊缝长度。

（10）焊缝高度。

（11）焊接试验效果。

（12）钢筋直螺纹连接的接头检查。

5.止水、伸缩缝的检查项目

（1）是否按规定的技术方案安装止水结构（如加固措施、混凝土浇筑等）。

（2）金属止水片和橡胶止水带的几何尺寸。

（3）金属止水片和橡胶止水带的搭接长度。

（4）安装偏差。

（5）插入基础部分。

（6）敷沥青麻丝料。

（7）焊接、搭接质量。

（8）橡胶止水带塑化质量。

6.预埋件的检查项目

（1）预埋件的规格。

（2）预埋件的表面。

（3）预埋件的位置偏差。

（4）预埋件的安装牢固性。

（5）预埋管子的连接。

7.混凝土预制件的安装

（1）混凝土预制件外形尺寸和强度应符合设计要求。

（2）混凝土预制件型号、安装位置应符合设计要求。

（3）混凝土预制件安装时其底部及构件间接触部位连接应符合设计要求。

（4）主体工程混凝土预制构件制作必须按试验室签发的配合比施工，并由试验室检查，出厂前应进行验收，合格后方能出厂使用。

8.灌浆系统的检查项目

（1）灌浆系统埋件（如管路、止浆体）的材料、规格、尺寸应符合设计要求。

（2）埋件位置要准确、固定，并连接牢固。

（3）埋件的管路必须畅通。

9.入仓口

汽车直接入仓的入仓口道路的回填及预浇常态混凝土道路的强度（横缝处），必须在开仓前准备就绪。

10.仓内施工设备

包括振动碾、平仓机、振捣器和检测设备，必须在开仓前按施工要求的台数就位，并保持良好的机况，无漏油现象发生。

11.冷却水管

采用导热系数 $\lambda \geqslant 1.0$ kJ/m·h·℃，内径28 mm，壁厚2 mm的高密度聚乙烯塑料管，按设计图蛇行布置。单根循环水管的长度不大于250 m，冷却水管接头必须密封，开仓之前检查水管不得堵塞或漏水，否则进行更换。

（三）验收合格证签发和施工中的检查

1.施工单位内部"三检"制对本章第二节中的各条款全部检查合格后，由质检员申请监理工程师验收，经验收合格后，由监理工程师签发开仓证。

2.未签发开仓合格证，严禁开仓浇筑混凝土，否则做严重违章处理。

3.在碾压混凝土施工过程中，应派人值班并认真保护，发现异常情况及时认真检查处理，如损坏严重应立即报告质检人员，通知相关作业队迅速采取措施纠正，并须重新进行验仓。

4.在碾压混凝土施工中，仓面每班专职质检人员包括质检员1人，试验室检测员2人，质检人员应相互配合，对施工中出现的问题，须尽快反映给指挥长，指挥长负责协调处理。仓面值班监理工程师或质检员发现质量问题时，指挥长必须无条件按监理工程师或质检员的意见执行，如有不同意见可在执行后向上级领导反映。

二、混凝土拌和与管理

（一）拌和管理

1.混凝土拌和车间应对碾压混凝土拌和生产与拌和质量全面负责。值班试验工负责对混凝土拌和质量全面监控,动态调整混凝土配合比,并按规定进行抽样检验和成型试件。

2.为保证碾压混凝土连续生产,拌和楼和试验室值班人员必须坚守岗位,认真负责和填写好质量控制原始记录,严格坚持现场交接班制度。

3.拌和楼和试验室应紧密配合,共同把好质量关,对混凝土拌和生产中出现的质量问题应及时协商处理,当意见不一致时,以试验室的处理意见为准。

4.拌和车间对拌和系统必须定期检查、维修保养,保证拌和系统正常运转和文明施工。

5.工程处试验室负责原材料、配料、拌和物质量的检查检验工作,负责配合比的调整优化工作。

(二)混凝土拌和

1.混凝土拌和楼计量必须经过计量监督站检验合格才能使用。拌和楼称量设备精度检验由混凝土拌和车间负责实施。

2.每班开机前(包括更换配料单),应按试验室签发的配料单定称,经试验室值班人员校核无误后方可开机拌和。用水量调整权属试验室值班人员,未经当班试验员同意,任何人不得擅自改变用水量。

3.碾压混凝土料应充分搅拌均匀,满足施工的工作度要求,其投料顺序按砂+小石+中石+大石→水泥+粉煤灰→水+外加剂,投料完后,强制式拌和楼拌和时间为75 s(外掺氧化镁加60 s),自落式拌和楼拌和时间为150 s(外掺氧化镁加60 s)。

4.混凝土拌和过程中,试验室值班人员对出机口混凝土质量情况加强巡视、检查,发现异常情况应查找原因并及时处理,严禁不合格的混凝土入仓。构成下列情况之一者作为碾压混凝土废料,经处理合格后方使用:①拌和不充分的生料;②VC值大于30 s或小于1 s;③混凝土拌和物均匀性差,达不到密度要求;④当发现混凝土拌和楼配料称超重、欠称的混凝土。

5.拌和过程中,拌和楼值班人员应经常观察灰浆在拌和机叶片上的黏结情况,若黏结严重应及时清理。交接班之前,必须将拌和机内黏结物清除。

6.配料、拌和过程中出现漏水、漏液、漏灰和电子秤频繁跳动现象后,应及时检修,严重影响混凝土质量时应临时停机处理。

7.混凝土施工人员均必须在现场岗位上交接班，不得因交接班中断生产。

8.拌和楼机口混凝土VC值控制，应在配合比设计范围内，根据气候和途中损失值情况由指挥长通知值班试验员进行动态控制，如若超出配合比设计调整值范围，值班试验员须报告工程处试验室，由工程处试验室对VC值进行合理的变更，变更时应保持W/（C+F）不变。

三、混凝土运输

（一）自卸汽车运输

1.由驾驶员负责自卸汽车运输过程中的相关工作，每一仓块混凝土浇筑前后应冲洗汽车车厢使之保持干净，自卸汽车运输RCC应按要求加盖遮阳棚，减少RCC温度回升，仓面混凝土带班负责检查执行情况。

2.采用自卸汽车运输混凝土时，车辆行走的道路必须平整，自卸汽车入仓道路采用道路面层用小碎渣填平，防止坑洼及路基不稳，道路面层铺设洁净卵（碎）石。

3.混凝土浇筑块开仓前，由前方工段负责进仓道路的修筑及其路况的检查，发现问题及时安排整改。冲洗人员负责自卸汽车入仓前用洗车台或人工用高压水将轮胎冲洗干净，并经脱水路面以防将水带入仓面，轮胎冲洗情况由砼值班人员负责检查。

4.汽车装运混凝土时，司机应服从放料人员指挥。由集料斗向汽车放料时，自卸汽车驾驶员必须坚持分二次受料，防止高堆骨料分离，装满料后驾驶室应挂标识牌，标明所装混凝土的种类后才可驶离拌和楼，未挂标识牌的汽车不得驶离拌和楼进入浇筑仓内。装好的料必须及时运送到仓面，倒料时必须按要求带条依次倒料，混凝土进仓采用进占式，倒料叠压在已平仓的混凝土面上，倒完料后车必须立即开出仓外。

5.驾驶员负责在仓面运输混凝土的汽车应保持整洁，加强保养、维修，保持车况良好，无漏油、漏水。

6.自卸汽车进仓后，司机应听从仓面指挥长的指挥，不得擅自乱倒。自卸汽车在仓面上应行驶平稳、严格控制速度，无论是空车还是载重，其行驶速度必须控制在5 km/h之内，行车路线尽量避开已铺砂浆或水泥浆的部位，避免急刹车、急转弯等有损RCC质量的操作。

（二）溜管运行管理

1.溜管安装应符合设计要求。溜管由受料斗、溜管、缓解降器、阀门、集料斗（或转向溜槽、或运输汽车）等几部分组成。阀门开关应灵活，可调节速度，保证砼料均匀流动；受、集料斗按16 m³设计，放料时必须有存底料；缓解降器左右旋成对安装，安装间距为9 ~ 15 m，但最下部的缓解降器距集料斗（或转向溜槽）不超过6 m，出料口距自卸车车厢内混凝土面的高度小于2 m。

2.溜管在安装后必须经过测试、验收合格，方可投入生产。

3.仓面收仓后、RCC终凝前，如须对溜槽冲洗保养，其出口段设置水箱接水，防止冲洗水洒落仓内。

四、仓内施工管理

（一）仓面管理

1.碾压混凝土仓面施工由前方工段负责，全面安排、组织、指挥、协调碾压混凝土施工，对进度、质量、安全负责。前方工段应接受技术组的技术指导，遇到处理不了的技术问题时，应及时向工程部反映，以便尽快解决。

2.实验室现场检测员对施工质量进行检查和抽样检验，按规定填写记录。发现问题应及时报告指挥长和仓面质检员，并配合查找原因且做详细记录，如发现问题不报告则视为失职。

3.所有参加碾压混凝土施工的人员，必须遵守现场交接班制度，坚守工作岗位，按规定做好施工记录。

4.为保持仓面干净，禁止一切人员向仓面抛掷任何杂物（如烟头、矿泉水瓶等）。

（二）仓面设备管理

1.设备进仓

（1）仓面施工设备应按仓面设计要求配置齐全。

（2）设备进仓前应进行全面检查和保养，使设备处于良好运行状态方可进入仓面，设备检查由操作手负责，要求做详细记录并接受机电物资部的检查。

（3）设备在进仓前应进行全面清洗，汽车进仓前应把车厢内外、轮胎、底部、叶子板及车架的污泥冲洗干净，冲洗后还必须脱水干净方可入仓，设备清洗状况由前方工段不定期检查。

2.设备运行

（1）设备的运行应按操作规程进行，设备专人使用，持证上岗，操作手应爱护设备，不得随意让别人使用。

（2）驾驶员负责汽车在碾压混凝土仓面行驶时，应避免紧急刹车、急转弯等有损混凝土质量的操作，汽车卸料应听从仓面指挥，指挥必须采用持旗和口哨方式。

（3）施工设备应尽可能利用RCC进仓道路在仓外加油，若在仓面加油必须采取铺垫地毡等措施，以保护仓面不受污染，质检人员负责监督检查。

3.设备停放

（1）仓面设备的停放由调度安排，做到设备停放文明整齐，操作手必须无条件服从指挥，不使用的设备应撤出仓面。

（2）施工仓面上的所有设备、检测仪器工具，暂不工作时，均应停放在指定的位置上或不影响施工的位置。

4.设备维修

（1）设备由操作手定期维修保养，维修保养要求做详细记录，出现设备故障情况应及时报告仓面指挥长和机电物资部。

（2）维修设备应尽可能利用碾压混凝土入仓道路开出仓面，或吊出仓面，如必须在仓面维修时，仓面须铺垫地毡，保护仓面不受污染。

（三）仓面施工人员管理

1.允许进入仓面人员的规定

（1）凡进入碾压混凝土仓面的人员必须将鞋子上黏着的污泥洗净，禁止向仓面抛掷任何杂物。

（2）进入仓面的其他人员行走路线或停留位置不得影响正常施工。

2.施工人员的培训与教育

（1）施工人员必须经过培训并经考核合格、具备施工能力方可参加RCC施工。

（2）施工技术人员要定期进行培训，加强继续教育，不断提高素质和技术水平。

（3）培训工作由混凝土公司负责，工程部协助，各种培训工种按一体化要求进行计划、等级和考核。

（四）卸料

1.铺筑

180 m高程以下碾压混凝土采用汽车直接进仓，大仓面薄层连续铺筑，每层间隔层为3 m，为了缩短覆盖时间，采用条带平推法，铺料厚度为35 cm，每层压实厚度为30 m。高温季节或雨季应考虑斜层铺筑法。

2.卸料

（1）在施工缝面铺第一碾压层卸料前，应先均匀摊铺1 ~ 1.5 cm厚水泥砂浆，随铺随卸料，以利层面结合。

（2）采用自卸汽车直接进仓卸料时，为了减少骨料分离，卸料宜采用双点叠压式卸料。卸料尽可能均匀，料堆旁出现的少量骨料分离，应由人工或其他机械将其均匀地摊铺到未碾压的混凝土面上

（3）仓内铺设冷却水管时，冷却水管铺设在第一个碾压混凝土坯层"热升层"30 cm或1.5 m坯层上，避免自卸汽车直接碾压HDPE冷却水管，造成水管破裂渗漏。

（4）采用吊罐入仓时，由吊罐指挥人员负责指挥，卸料自由高度不宜大于1.5 m。

（5）卸料堆边缘与模板距离不应小于1.2 m。

（6）卸料平仓时应严格控制三级配和二级配混凝土分界线，分界线每20 m设一红旗进行标示，混凝土摊铺后的误差对于二级配不允许有负值，也不得大于50 cm，并由专职质检员负责检查。

（五）平仓

1.测量人员负责在周边模板上每隔20 m画线放样，标示桩号、高程，每隔10 m绘制平仓厚度35 cm控制线，用于控制摊铺层厚等；对二级配区和三级配区等不同混凝土之间的混凝土分界线每20 m进行放样一个点，放样点用红旗标示。

2.采用平仓机平仓，运行时履带不得破坏已碾好的混凝土，人工辅助边缘部位及其他部位的堆卸与平仓作业。平仓机采用TBS80或D50，平仓时应严格控制二级配及三级配混凝土的分界线，二级配平仓宽度小于2.0 m时，卸料平仓必须从上游往下游推进，保证防渗层的厚度。

3.平仓开始时采用串联式摊铺法及深插中间料分散于两边粗料中，来回三次均匀分布粗骨料后，才平整仓面，部分粗骨料集中应用人工分散于细料中。

4.平仓后仓面应平顺没有显著凹凸起伏，不允许仓面向下游倾斜。

5.平仓作业采取"少刮、浅推、快提、快下"操作要领平仓，RCC平仓方向应按浇筑仓面设计的要求，摊铺要均匀，每碾压层平仓一次，质检员根据周边所画出的平仓线进行拉线检查，每层平仓厚度为35 cm，检查结果超出规定值的部分必须重新平仓，局部不平部位用人工辅助推平。

6.混凝土卸料应及时平仓，以满足由拌和物投料起至拌和物在仓面上于1.5h内碾压完毕的要求。

7.平仓过程出现在两侧和坡脚集中的骨料由人工均匀分散于条带上，在两侧集中的大骨料未做人工分散时，不得卸压新料。

8.平仓后层面上若发现层面有局部骨料集中，可用人工铺撒细骨料予以分散均匀处理。

（六）碾压

1.对计划采用的各类碾压设备，应在正式浇筑RCC前，通过碾压试验来确定满足混凝土设计要求的各项碾压参数，并经监理工程师批准。

2.由碾压机手负责碾压作业，每个条带铺筑层摊平后，按要求的振动碾压遍数进行碾压，采用BM202AD、BM203AD振动碾。VC值在4～6 s时，一般采用无振2遍+有振6遍+静碾2遍；VC值大于15 s时，采用无振2遍+有振8遍+静碾2遍；当VC值超过20 s或平仓后RCC发白时，先采用人工造雾使混凝土表面湿润，在无振碾时振动碾自喷水，振动后使混凝土表面泛浆。碾压遍数是控制砼质量的重要环节，一般采用翻牌法记录遍数，以防漏压，碾压机手在每一条带碾压过程中，必须记点碾压遍数，不得随意更改。砼值班人员和专职质检员可以根据表面泛浆情况和核子密度仪检测结果决定是否增加碾压遍数。专职质检员负责碾压作业的随机检查，碾压方向应按仓面设计的要求，碾压方向应为顺坝轴线方向，碾压条带间的搭结宽度为20 cm，端头部位搭结宽度不少于100 cm。

3. 由试验室人员负责碾压结果检测，每层碾压作业结束后，应及时按网格布点检测混凝土压实容重，核子密度计按100～200 m^2的网格布点且每一碾压层面不少于3个点，相对压实度的控制标准为：三级配混凝土应≥97%、二级配应≥98%，若未达到，应重新碾压达到要求。

4. 碾压机手负责控制振动碾行走速度在1.0～1.5 km/h范围内。

5. 碾压混凝土的层间间隔时间应控制在混凝土的初凝时间之内。若在初凝与终凝之间，可在表层铺砂浆或喷浆后，继续碾压；达到终凝时间，必须当冷缝处理。

6. 由于高气温、强烈日晒等因素的影响，已摊铺但尚未碾压的混凝土容易出现表面水分损失，碾压混凝土如平仓后30 min内尚未碾压，宜在有振碾的第一遍和第二遍开启振动碾自带的水箱进行洒水补偿，水分补偿的程度以碾压后层面湿润和碾压后充分泛浆为准，不允许过多洒水而影响混凝土结合面的质量。

7. 当密实度低于设计要求时，应及时通知碾压机手，按指示补碾，补碾后仍达不到要求，应挖除处理。碾压过程中仓面质检员应做好施工情况记录，质检人员做好质检记录。

8. 模板、基岩周边采用BM202AD振动碾直接靠近碾压，无法碾压到的50～100 cm或复杂结构物周边，可直接浇筑富浆混凝土。

9. 碾压混凝土出现有弹簧土时，检测的相对密实度达到要求，可不处理，若未达到要求，应挖开排气并重新压实达到要求。混凝土表层产生裂纹、表面骨料集中部位碾压不密实时，质检人员应要求砼值班人员进行人工挖除，重新铺料碾压达到设计要求。

10. 仓面的VC值根据现场碾压试验，VC值以3～5 s为宜，阳光暴晒且气温高于25℃时取3 s，出现3 mm/h以内的降雨时，VC值为6～10 s，现场试验室应根据现场气温、昼夜、阴晴、湿度等气候条件适当动态调整出机口VC值。碾压混凝土以碾压完毕的混凝土层面达到全面泛浆、人在层面上行走微有弹性、层面无骨料集中为标准。

（七）缝面处理

1. 施工缝处理

（1）整个RCC坝块浇筑必须充分连续一致，使之凝结成一个整体，不得有层间薄弱面和渗水通道。

（2）冷缝及施工缝必须进行缝面处理，处理合格后方能继续施工。

（3）缝面处理应采用高压水冲毛等方法，清除混凝土表面的浮浆及松动骨料（以露出砂粒、小石为准），处理合格后，先均匀刮铺一层 1 ~ 1.5 cm 厚的砂浆（砂浆强度等级与 RCC 高一级），然后才能摊铺碾压混凝土。

（4）冲毛时间根据施工时段的气温条件、混凝土强度和设备性能等因素，经现场试验确定，混凝土缝面的最佳冲毛时间为碾压混凝土终凝后 2 ~ 4h，不得提前进行。

（5）RCC 铺筑层面收仓时，基本上达到同一高程，或者下游侧略高、上游侧略低（$i = 1\%$）的斜面。因施工计划变更、降雨或其他原因造成施工中断时，应及时对已摊铺的混凝土进行碾压，停止铺筑处的混凝土面宜碾压成不大于 1 : 4 的斜面。

（6）由仓面混凝土带班责在浇筑过程中保持缝面洁净和湿润，不得有污染、干燥区和积水区。为减少仓面二次污染，砂浆宜逐条带分段依次铺浆。已受污染的缝面待铺砂浆之前应清扫干净。

2.造缝

由仓面指挥长负责安排切缝时间，在混凝土初凝前完成。切缝采用 NPFQ-1 小型振动式切缝机，宜采用"先碾后切"的方法，切缝深度不小于 25 cm，成缝面积每层应不小于设计面积的 60%，填缝材料用彩条布，随刀片压入。

3.层面处理

（1）由仓面指挥长负责层面处理工作，不超过初凝时间的层面不做处理，超过初凝时间的层面按表5-1要求处理。

表5-1　碾压混凝土层面凝结状态及其处理工艺

凝结状态	时限（h）	处理工艺
热缝	≤ 5	铺筑前表面重新碾压泛浆后，直接铺筑
温缝	≤ 12	铺筑高一强度等级砂浆 1 ~ 1.5 cm 后铺筑上一层
冷缝	>12	冲毛后铺筑高一强度等级砂浆或细石砼再铺筑上一层

备注：当平均气温高于25℃时按上表进行控制，当平均气温小于25℃时时限可再延长 1 ~ 1.5h。

（2）水泥砂浆铺设全过程，应由仓面混凝土带班安排，在需要撒铺作业前1h，应通知值班人员进行制浆准备工作，保证需要灰浆时可立即开始作业。

（3）砂浆铺设与变态混凝土摊铺同步连续进行，防止砂浆的黏结性能受水分蒸发的影响，砂浆摊铺后20～30 min内必须覆盖。

（4）洒铺水泥浆前，仓面混凝土带班必须负责监督撒铺区干净、无积水，并避免出现水泥砂浆晒干问题。

（八）入仓口施工

1.采用自卸汽车直接运输碾压混凝土入仓时，入仓口施工是一个重要施工环节，直接影响RCC施工速度和坝体混凝土施工质量。

2.RCC入仓口应精心规划，一般布置在坝体横缝处，且距坝体上游防渗层下游15 m～20 m。

3.入仓口采用预先浇筑仓内斜坡道的方法，其坡度应满足自卸汽车入仓要求。

4.入仓口施工由仓面指挥长负责指挥，采用常态混凝土，其强度等级不低于坝体混凝土设计强度等级，应与坝体混凝土同样确保振捣密实（特别是斜坡道边坡部分）。施工时段应有计划的充分利用混凝土浇筑仓位间歇期，提前安排施工，以便斜坡道混凝土有足够强度行走自卸汽车。

五、斜层平推法施工

第一，碾压混凝土坝在高气温、强烈日照的环境条件下，碾压混凝土放置时间越长质量越差，所以大幅度缩减层间间隔时间是提高层间结合质量的最有效、最彻底的措施。而采用斜层铺筑法，浇筑作业面积比仓面面积小，可以灵活地控制层间间隔时间的长短，在质量控制上有着特殊重要的意义。

第二，每一仓块由工程部绘制详细的仓面设计，仓面指挥长、质检员等必须在开仓前熟悉浇筑要领，并按仓面设计的要求组织实施。

第三，浇筑工区测量员负责在周边模板上按浇筑要领图上的要求和测量放样，在每隔10 m画出碾压层控制线上，标示桩号、高程和平仓控制线，用于控制斜面摊铺层厚度。

第四，按1∶10～1∶15坡度放样，砂浆摊铺长度与碾压混凝土条带宽度相对应。

第五，下一层RCC开始前，挖除坡脚放样线以外的RCC，坡脚切除高度以切除到砂浆为准，已初凝的混凝土料做废料处理。

第六，采用斜层平推法浇筑碾压混凝土时，"平推"方向可以为两种：一种方向垂直于坝轴线，即碾压层面倾向上游，混凝土浇筑从下游向上游推进；另一种是平行于坝轴线，即碾压层面从一岸倾向另一岸。碾压混凝土铺筑层以固定方向逐条带铺筑，坝体迎水面8~15 m范围内，平仓、碾压方向应与坝轴线方向平行。

第七，开仓段碾压混凝土施工。碾压混凝土拌和料运输到仓面，按规定的尺寸和规定的顺序进行开仓段施工，其要领在于减少每个铺筑层在斜层前进方向上的厚度，并要求使上一层全部包容下一层，逐渐形成倾斜面。沿斜层前进方向每增加一个升程H，都要对老混凝土面（水平施工缝面）进行清洗并铺砂浆，碾压时控制振动碾不得行驶到老混凝土面上，以避免压碎坡角处的骨料而影响该处碾压混凝土的质量。

第八，碾压混凝土的斜层铺筑。这是碾压混凝土的核心部分，其基本方法与水平层铺筑法相同。为防止坡角处的碾压混凝土骨料被压碎而形成质量缺陷，施工中应采取预铺水平垫层的方法，并控制振动碾不得行驶到老混凝土面上去，施工中按图中的序号施工。首先清扫、清洗老混凝土面（水平施工缝面），摊铺砂浆，然后沿碾压混凝土宽度方向摊铺并碾压混凝土拌和物，形成水平垫层，水平垫层超出坡脚前缘30~50 cm，第一次不予碾压而与下一层的水平垫层一起碾压，以避免坡脚处骨料压碎，接下来进行下一个斜层铺筑碾压，如此往复，直至收仓段施工。

第九，收仓段碾压混凝土施工。首先进行老混凝土面的清扫、冲洗、摊铺砂浆，然后采用折线形状施工，其中折线的水平段长度为8~10 m，当浇筑面积越来越小时，水平层和折线层交替铺筑，满足层间间歇的时间要求。

六、特殊气候条件下的施工

（一）高温气候条件下的施工

1.改善和延长碾压混凝土拌和物的初凝时间
针对碾压混凝土坝高气温条件下连续施工的特点，比较了不同的高效缓凝剂对碾压混凝土拌和物缓凝的作用效果，研究掺用高效缓凝减水剂对碾压混凝土物理力学性能的影响。长期试验和较多工程实践表明，掺用高温型缓凝高效剂效果显著、施工方便，是一种有效的高气温施工措施。

2.采用斜层平推法

在高气温环境条件下，由于层面暴露时间短，预冷混凝土的冷量损失也将减少；施工过程遇到降雨时，临时保护的层面面积小，同时有利于斜层表面排水，对雨季施工同样有利，因此，碾压混凝土坝应优先采用该方法。

3.允许间隔时间

日平均气温在25℃以上时（含25℃），应严格按高气温条件下经现场试验确定的直接铺筑允许间隔时间施工，一般不超过5 h。

4.碾压混凝土仓面覆盖

（1）在高气温环境下，对RCC仓面进行覆盖，不仅可以起到保温、保湿的作用，还可以延缓RCC的初凝时间，减少VC值的增加。现场试验表明，碾压混凝土覆盖后的初凝时间比裸露的覆盖时间延缓2 h。

（2）仓面覆盖材料要求具有不吸水、不透气、质轻、耐用、成本低廉等优点，工地使用经验证明，采用聚乙烯气垫薄膜和PT型聚苯乙烯泡沫塑料板条复合制作而成的隔热保温被具有上述性质。

（3）仓面混凝土带班、专职质检员应组织专班作业人员及时进行仓面覆盖，不得延误。

（4）除了全面覆盖、保温、保湿外，对自卸汽车、下料溜槽等应设置遮阳防雨棚，尽可能减少运输、卸料时间和RCC的转运次数。

5.碾压混凝土仓面喷雾

（1）仓面喷雾是高温气候环境下，碾压混凝土坝连续施工的主要措施之一。采用喷雾的方法，可以形成适宜的人工小气候，起到降温保湿、减少VC值的增长、降低RCC的浇筑温度及防晒作用。

（2）仓面喷雾采用冲毛机配备专用喷嘴。仓面喷雾以保持混凝土表面湿润，仓面无明显集水为准。

（3）仓面混凝土带班、专职质检员一定要高度重视仓面喷雾，真正改善RCC高气温的恶劣环境，使RCC得到必要的连续施工条件。

6.降低浇筑温度，增加拌和用水量和控制 VC 值

（1）降低混凝土的浇筑温度，详见本章第四节"大体积混凝土的温度控制"。

（2）在高气温环境下，RCC 拌和物摊铺后，表层 RCC 拌和物由于失水迅速而使 VC 值增大，混凝土初凝时间缩短，以致难以碾压密实。因此，可适当增加拌和用水量，降低出机口的 VC 值，为 RCC 值的增长留有余地，从而保证碾压混凝土的施工质量。

（3）在高气温环境条件下，根据环境气温的高低，混凝土拌和楼出机口 VC 值按偏小、动态控制。

7.避开白天高温时段

在高气温环境条件下，尽量避开白天高温时段（11:00—16:00）施工，做好开仓准备，抢阴天、夜间施工，以减少预冷混凝土的温度回升，从而降低碾压混凝土的浇筑温度。

（二）雨天的施工

1.加强雨天气象预报信息的搜集工作，应及时掌握降雨强度、降雨历时的变化，妥善安排施工进度。

2.要做好防雨材料准备工作，防雨材料应与仓面面积相当，并备放在现场。雨天施工应加强降雨量的测试工作，降雨量测试由专职质检员负责。

3.当每小时降雨量大于 3 mm 时，不开仓混凝土浇筑，或浇筑过程中遇到超过 3 mm/h 降雨强度时，停止拌和，并尽快将已入仓的混凝土摊铺碾压完毕或覆盖妥善，用塑料布遮盖整个新混凝土面，塑料布的遮盖必须采用搭接法，搭接宽度不少于 20 cm，并能阻止雨水从搭接部流入混凝土面。雨水集中排至坝外，对个别无法自动排出的水坑用人工处理。

4.暂停施工令发布后，碾压混凝土施工一条龙的所有人员，都必须坚守岗位，并做好随时复工的准备工作。暂停施工令由仓面指挥长首先发布给拌和楼，并汇报给生产调度室和工程部。

5.当雨停后或者每小时降雨量小于 3 mm，持续时间 30 min 以上，且仓面未碾压的混凝土尚未初凝时，可恢复施工。雨后恢复施工必须在处理完成后，经监理工程师检查认可后，方可进行复工，并做好如下工作：

（1）拌和楼混凝土出机口的 VC 值适当增大，适当减少拌和用水量，减少

降雨对RCC可碾性的影响，一般可采用VC上限值。如持续时间较长，可将水胶比缩小0.03左右，由指挥长通知试验室根据仓内施工情况进行调整。

（2）由仓面工段长组织排除仓内积水，首先是卸料平仓范围内的积水。

（3）由质检人员认真检查，对受雨水冲刷混凝土面的裸露砂石严重部位，应铺水泥砂浆处理。对有漏振（混凝土已初凝）或被雨水严重浸泡的混凝土要立即挖除。

第三节　混凝土水闸施工

一、混凝土水闸施工准备

第一，按施工图纸及招标文件要求制定混凝土施工作业措施计划，并报监理工程师审批。

第二，完成现场试验室配置，包括主要人员、必要试验仪器设备等。

第三，选定合格原材料供应源，并组织进场、进行试验检验。

第四，设计各品种、各级别混凝土配合比，并进行试拌、试验，确定施工配合比。

第五，选定混凝土搅拌设备，进场并安装就位，进行试运行。

第六，选定混凝土输送设备，修筑临时浇筑便道。

第七，准备混凝土浇筑、振捣、养护用器具、设备及材料。

第八，进行特殊气候下混凝土浇筑准备工作。

第九，安排其他施工机械设备及劳动力组合。

二、混凝土配合比

工程设计所采用的混凝土品种主要为C30，二期混凝土为C40，在商品混凝土厂家选定后分别进行配合比的设计，用于工程施工的混凝土配合比，应通过试验并经监理工程师审核确定，在满足强度耐久性、抗渗性、抗冻性及施工要求的前提下，做到经济合理。

混凝土配合比设计步骤如下：

第一，确定混凝土试配强度。为了确保实际施工混凝土强度满足设计及规范要求，混凝土的试配强度要比设计强度提高一个等级。

第二，确定水灰比。严格按技术规范要求，根据所有原料、使用部位、强度等级及特殊要求分别计算确定。实际选用的水灰比应满足设计及规范的要求。

第三，确定水泥用量。水泥用量以不低于招标文件规定的不同使用部位的最小水泥用量确定，且能满足规范需要及特殊用途混凝土的性能要求。

第四，确定合理的含砂率。砂率的选择依据所用骨料的品种、规格、混凝土水灰比及满足特殊用途混凝土的性能要求来确定。

第五，混凝土试配和调整。按照经计算确定的各品种混凝土配合比进行试拌，每品种混凝土用三个不同的配合比进行拌和试验并制作试压块，根据拌和物的和易性、坍落度、28 d抗压强度、试验结果，确定最优配合比。

对于有特殊要求（如抗渗、抗冻、耐腐蚀等）的混凝土，则须根据经验或外加剂使用说明按不同的掺入料、外加剂掺量进行试配并制作试压块，根据拌和物的和易性、坍落度和28 d抗压强度、特殊性能试验结果，确定最优配合比。

在实际施工中，要根据现场骨料的实际含水量调整设计混凝土配合比的实际生产用水量并报监理工程师批准。同时在混凝土生产过程中随时检查配料情况，如有偏差及时调整。

三、混凝土浇筑

工程主体结构以钢筋混凝土结构为主，施工安排遵循"先主后次、先深后浅、先重后轻"的原则，以闸室、翼墙、导流墩、便桥为施工主线，防渗铺盖、护底、护坡、护面等穿插进行。

工程建筑物的施工根据各部位的结构特点、形式进行分块、分层。底板工程分块以设计分块为准。

第一，闸室、泵室：底板以上分闸墩、排架两次到顶。

第二，上下游翼墙：底板以上一次到顶。

四、部位施工方法

（一）水闸施工内容

1.地基开挖、处理及防渗、排水设施的施工。

2.闸室工程的底板、闸墩、胸墙及工作桥等施工。

3.上、下游连接段工程的铺盖、护坦、海漫及防冲槽的施工。

4.两岸工程的上、下游翼墙、刺墙及护坡的施工。

5.闸门及启闭设备的安装。

（二）平原地区水闸施工特点

1.施工场地开阔，现场布置方便。

2.地基多为软基，受地下水影响大，排水困难，地基处理复杂。

3.河道流量大，导流困难，一般要求一个枯水期完成主要工程量的施工，施工强度大。

4.水闸多为薄而小的混凝土结构，仓面小，施工有一定干扰。

（三）水闸混凝土浇筑次序

混凝土工程是水闸施工的主要环节（占工程历时一半以上），必须重点安排，施工时可按下述次序考虑：

1.先浇深基础，后浅基础，避免浅基础混凝土产生裂缝。

2.先浇影响上部工程施工的部位或高度较大的工程部位。

3.先主要后次要，其他穿插进行。主要与次要由以下三方面区分：①后浇是否影响其他部位的安全；②后浇是否影响后续工序的施工；③后浇是否影响基础的养护和施工费用。

上述可概括为16字方针，即"先深后浅、先重后轻、先主后次、穿插进行"。

（四）闸基开挖与处理

1.软基开挖

（1）可用人工和机械方法开挖，软基开挖受动水压力的影响较大，易产生流沙，边坡失稳现象，所以关键是减小动水压力。

（2）防止流沙的方法（减小动水压力）。

①人工降低地下水位。可增加土的安息角和密实度，减小基坑开挖和回填量。可用无砂混凝土井管或轻型井点排水。

②滤水拦砂法稳定基坑边坡。当只能用明式排水时，可采用如下方法稳定边坡：A.苇捆叠砌拦砂法；B.柴枕拦砂法；C.坡面铺设护面层。

2.软基处理

（1）换土法。当软基土层厚度不大，可全部挖出，可换填砂土或重粉质壤土，分层夯实。

（2）排水法。采用加速排水固结法，提高地基承载力，通常用砂井预压法。砂井直径为30～50 cm，井距为4～10倍的井径，常用范围2～4 m。一般用射水法成井，然后灌注级配良好的中粗砂，成为砂井。井上区域覆盖1 m左右砂子，作排水和预压载重，预压荷载一般为设计荷载的1.2～1.5倍。砂井深度以10～20 m为宜。

（3）振冲法。用振冲器在土层中振冲成孔，同时填以最大粒径不超5 cm的碎石或砾石，形成碎石桩以达到加固地基的目的。桩径为0.6～1.1 m，桩距1.2～2.5 m。适用于松砂地基，也可用于黏性土地基。

（4）混凝土灌注桩。

（5）旋喷法。

（6）强夯法。采用履带式起重机，锤重10t，落距10 m，有效深度达4～5 m。可节约大量的土方开挖。

（五）闸室施工（平底板）

由于受运用条件和施工条件等的限制，混凝土被结构缝和施工缝划分为若干筑块。一般采用平层浇筑法。当混凝土拌和能力受到限制时，亦可用斜层浇筑法。

1.搭设脚手架，架立模板。利用事先预制的混凝土柱，搭设脚手架。底板较大时，可采用活动脚手浇筑方案。

2.混凝土的浇筑。可分两个作业组，分层浇筑。先一、二组同时浇筑下游齿墙，待齿墙浇平后，将一组调到上游浇齿墙，二组则从下游向上游开始浇第一坯混凝土。

（六）闸墩施工

"铁板螺栓，对拉撑木"的模板安装。采用对销螺栓、铁板螺栓保证闸墩的厚度，并固定横、纵围图，铁板螺栓还有固定对拉撑木之用，对销螺栓与铁板螺栓间隔布置。对拉撑木保证闸墩的铅直度和不变形。

混凝土浇筑。须解决好同一块闸底板上混凝土闸墩的均衡上升和流态混凝土的入仓及仓内混凝土的铺筑问题。

（七）止水设施的施工

为了适应地基的不均匀沉降和伸缩变形，水闸设计应设置温度缝和沉陷缝（一般用沉陷缝代替温度缝的作用）。沉陷缝有铅直和水平两种，缝宽1.0～2.5 cm，缝内设填料和止水。

1.沉陷缝填料的施工

常用的填料有沥青油毛毡、沥青杉木板、沥青芦席等。其安装方法如下：

（1）先固定填料，后浇混凝土

先用铁钉将填料固定在模板内侧，然后浇筑混凝土，这样拆模后填料即可固定在混凝土上。

（2）先浇混凝土，后固定填料

在浇筑混凝土时，先在模板内侧钉长铁钉数排（使铁钉外露长度的2/3），待混凝土浇好、拆模后，再将填料铺在铁钉上，并敲弯铁钉，使填料固定在混凝土面上。

2.止水的施工

位于防渗范围内的缝，都应设止水设施。止水缝应形成封闭整体。

（1）水平止水

常用塑料止水带，施工方法同填料。

（2）垂直止水

常用金属片，重要部分用紫铜片，一般用铝片、镀锌铁片或镀铜铁片等。

（3）接缝交叉的处理

①交叉缝的分类

A.垂直交叉：垂直缝与水平缝的交叉。

B.水平交叉：水平缝与水平缝的交叉。

②处理方法

A.柔性连接：在交叉处止水片就位后，用沥青块体将接缝包裹起来。一般用于垂直交叉处理。

B.刚性连接：将交叉处金属片适当裁剪，然后用气焊焊接。一般用于水平交叉连接。

（八）门槽二期混凝土施工

大中型水闸的导轨、铁件等较大、较重，在模板上固定较为困难，宜采用预留槽，浇二期混凝土的施工方法。

1.门槽垂直度控制

采用吊锤校正门槽和导轨模板的铅直度，吊锤可选用0.5～1.0kg的大垂球。

2.门槽二期混凝土浇筑

（1）在闸墩立模时，于门槽部位留出较门槽尺寸大的凹槽，并将导轨基础螺栓埋设于凹槽内侧，浇筑混凝土后，基础螺栓固定于混凝土内。

（2）将导轨固定于基础螺栓上，并校正位置准确，浇筑二期混凝土。二期混凝土用细骨料混凝土。

五、混凝土养护

混凝土的养护对强度增长、表面质量等至关重要，混凝土的养护期时间应符合规范要求，在养护期前期应始终保持混凝土表面处于湿润状态，其后养护期内应经常进行洒水养护，确保混凝土强度的正常增长条件，以保证建筑物在施工期和投入使用初期的安全性。

工程底部结构采用草包、塑料薄膜覆盖养护，中上部结构采用塑料喷膜法养护，即将塑料溶液喷洒在混凝土表面上，溶液挥发后，混凝土表面形成一层薄膜，阻止混凝土中的水分不再蒸发，从而完成混凝土的水化作用。为达到有效养护目的，塑料喷膜要保持完整性，若有损坏应及时补喷，喷膜作业要与拆模同步进行，模板拆到哪里喷到哪里。

六、二期混凝土施工

二期混凝土浇筑前，应详细检查模板、钢筋及预埋件尺寸、位置等是否符合设计及规范的要求，并做检查记录，报监理工程师检查验收。一期混凝土彻底打毛后，用清水冲洗干净并浇水保持24 h湿润，以使二期混凝土与一期混凝土牢固结合。

二期混凝土浇筑空间狭小，施工较为困难，为保证二期混凝土的浇筑质量，可采取减小骨料粒径、增加坍落度，使用软式振捣器，并适当延长振捣时间等措施，确保二期混凝土浇筑质量。

七、大体积混凝土施工技术

工程混凝土块体较多，如闸身底板、泵站底板、墩墙等，均属大体积混凝土。混凝土在硬化期间，水泥的水化过程释放大量的水化热，由于散热慢，水化热大量积聚，造成混凝土内部温度高、体积膨胀大，而表面温度低，产生拉应力。当温差超过一定限度时，使混凝土拉应力超过抗拉强度，就产生裂缝。混凝土内部达到最高温度后，热量逐渐散发而达到使用温度或最低温度，二者之差便形成内部温差，促使了混凝土内部产生收缩。再加上混凝土硬化过程中，由于混凝土拌和水的水化和蒸发，以及胶质体的胶凝作用，促进了混凝土的收缩。这两种收缩在进行时，受到基底及结构自身的约束，而产生收缩力，当这种收缩应力超过一定限度时，就会贯穿混凝土断面，成为结构性裂缝。

针对以上成因，为了能有效地预防混凝土裂缝的产生，本工程施工过程中，将从混凝土原材料质量、方式工艺、混凝土养护等方面，预防混凝土裂缝产生。

（一）混凝土原材料质量控制措施

1.严格控制砂石材料质量，选用中粗砂和粒径较大石子，砂石含泥量控制在规范允许范围内。

2.水泥供应到工后，做到不受潮、不变质，先到先用。

3.各种材料到工后，做到及时检测。对不合格料应及时处理，清理出场。

（二）施工工艺控制措施

1.混凝土浇筑成型过程

（1）混凝土施工前，制订详细的混凝土浇筑方案，混凝土生产能力必须满足最大浇筑强度要求，相邻坯层混凝土覆盖的间隔时间满足施工规范要求，避免产生施工冷缝。混凝土振捣要依次振捣密实，不能漏振，分层浇筑时，振捣棒要深入到下层混凝土中，以确保混凝土结合面的质量。

（2）在浇筑过程中，要及时排除混凝土表面泌水，混凝土浇筑完成后，按设计标高用刮尺将混凝土抹平。在混凝土成型后，采用真空吸水措施，排除混凝土多余水分，然后用木蟹拓磨压实，最后收光压面，以提高混凝土表面密实度。

（3）在混凝土浇筑过程中，要确保钢筋保护层厚度。

（4）混凝土施工缝处理要符合施工规范要求，混凝土接合面充分凿毛，表面冲洗干净，混凝土浇筑前，必须先铺摊与混凝土相同配合比水泥砂浆，以提高混凝土施工缝黏接强度。

2.拆模过程

（1）适当延迟侧向模板拆模时间，以保持表面温度和湿度，减少气温陡降和收缩裂缝。

（2）承重模板必须符合规范要求。

3.混凝土养护措施

（1）混凝土浇筑后，安排专人进行养护。对底板部分，表面采用草包覆盖，浇水养护措施，保持表面湿润。

（2）夏季施工时，新浇混凝土应防止烈日直射，采用遮阳措施。

八、混凝土工程质量控制

第一，按招标文件及规范要求制订混凝土工程施工方案，并报请监理工程师审批。

第二，严格按规范和招标文件的要求的标准选用混凝土配制所用的各种原辅材料，并按规定对每批次进场材料抽样检测。

第三，严格按规范和招标文件的要求设计混凝土配合比，并通过试验证明符合相关规定及使用要求，尤其是有特殊性能要求的混凝土。

第四，加强混凝土现场施工的配料计量控制，随时检查、调整，确保混凝土配料准确。并按规范规定和监理工程师的指令，在出机口及浇筑现场进行混凝土取样试验，并制作混凝土试压块。关键部位浇筑时应有监理工程师在场。

第五，控制混凝土熟料的搅拌时间、坍落度等满足规范要求，确保拌和均匀。混凝土的拌和程序和时间应符合规范规定。

第六，混凝土浇筑入仓要有适宜措施，避免大高差跌落造成混凝土离析。

第七，按规范要求进行混凝土的振捣，确保混凝土密实度。

第八，做好雨季混凝土熟料及仓面的防雨措施，浇筑中严禁在仓内加水。

第九，加强混凝土浇筑值班巡查工作，确保模板位置、钢筋位置及保护层、预埋件位置准确无误。

第十，做好混凝土正常养护工作，浇水养护时间不低于规范和招标文件的要求。

第十一，按规范规定做好对结构混凝土表面的保护工作。

第四节　大体积混凝土的温度控制

随着我国各项基础设施建设的加快和城市建设的发展，大体积混凝土已经愈来愈广泛地应用于大型设备基础、桥梁工程、水利工程等方面。这种大体积混凝土具有体积大、混凝土数量多、工程条件复杂和施工技术要求高等特点，在设计和施工中除了必须满足强度、刚度、整体性和耐久性的要求外，还必须控制温度变形裂缝的开展，保证结构的整体性和建筑物的安全。因此控制温度应力和温度变形裂缝的扩展，是大体积混凝土设计和施工中的一个重要课题。

一、裂缝的产生原因

大体积混凝土施工阶段产生的温度裂缝是其内部矛盾发展的结果，一方面是混凝土内外温差产生应力和应变；另一方面是结构的外约束和混凝土各质点间的内约束阻止这种应变，一旦温度应力超过混凝土所能承受的抗拉强度，就会产生裂缝。

（一）水泥水化热

在混凝土结构浇筑初期，水泥水化热引起温升，且结构表面自然散热。因此，在浇筑后的3～5 d，混凝土内部达到最高温度。混凝土结构自身的导热性能差，且大体积混凝土由于体积巨大，本身不易散热，水泥水化现象会使得大量的热聚集在混凝土内部，使得混凝土内部迅速升温。而混凝土外露表面容易散发热量，这就使得混凝土结构温度内高外低，且温差很大，形成温度应力。当产生的温度应力（一般是拉应力）超过混凝土当时的抗拉强度时，就会形成表面裂缝。

（二）外界气温变化

大体积混凝土结构在施工期间，外界气温的变化对防止大体积混凝土裂缝的产生起着很大的影响。混凝土内部的温度是由浇筑温度、水泥水化热的绝热温度和结构的散热温度等各种温度叠加之和组成。浇筑温度与外界气温有着直接关系，外界气温愈高，混凝土的浇筑温度也就会愈高；如果外界温度降低则又会增加大体积混凝土的内外温差梯度。如果外界温度的下降过快，会造成很大的温度应力，极其容易引发混凝土的开裂。另外外界的湿度对混凝土的裂缝也有很大的影响，外界的湿度降低会加速混凝土的干缩，也会导致混凝土裂缝的产生。

二、温度控制措施

针对大体积混凝土温度裂缝成因，可从以下两方面制定温控防裂措施：

（一）温度控制标准

混凝土温度控制的原则是：①尽量降低混凝土的温升、延缓最高温度出现时间；②降低降温速率；③降低混凝土中心和表面之间、新老混凝土之间的温差及控制混凝土表面和气温之间的差值。温度控制的方法和制度须根据气温（季节）、混凝土内部温度、结构尺寸、约束情况、混凝土配合比等具体条件确定。

（二）混凝土的配置及原料的选择

1.使用水化热低的水泥

由于矿物成分及掺和料数量不同，水泥的水化热差异较大。铝酸三钙和硅酸三钙含量高的，水化热较高，掺和料多的水泥水化热较低。因此选用低水化热或中水化热的水泥品种配制混凝土。不宜使用早强型水泥。采取到货前先临时贮存散热的方法，确保混凝土搅拌时水泥温度尽可能低。

2.使用微膨胀水泥

使用微膨胀水泥的目的是在混凝土降温收缩时膨胀，补偿收缩，防止裂缝。但目前使用的微膨胀水泥，大多膨胀过早，即混凝土升温时膨胀，降温时已膨胀完毕，也开始收缩，只能使升温的压应力稍有增大，补偿收缩的作用不大。所以应该使用后膨胀的微膨胀水泥。

3.控制砂、石的含泥量

严格控制砂的含泥量使之不大于3%；石子的含泥量使之不大于1%，精心设计、选择混凝土成分配合如尽可能采用粒径较大、质量优良、级配良好的石子。粒径越大、级配良好，骨料的孔隙率和表面积越小，用水量减少，水泥用量也少。在选择细骨料时，其细度模数宜在26～29。工程实践证明，采用平均粒径较大的中粗砂，比采用细砂每方混凝土中可减少用水量20～25 kg，水泥相应减少28～35 kg，从而降低混凝土的干缩，减少水化热，对混凝土的裂缝控制有重要作用。

4.采用线胀系数小的骨料

混凝土由水泥浆和骨料组成，其线胀系数为水泥浆和骨料线胀系数的加权（占混凝土的体积）平均值。骨料的线胀系数因母岩种类而异。不同岩石的线胀系数差异很大。大体积混凝土中的骨料体积占75%以上，采用线胀系数小的骨料对降低混凝土的线胀系数，从而减小温度变形的作用是十分显著的。

5.外掺料选择

水泥水化热是大体积混凝土发生温度变化而导致体积变化的主要根源。干湿和化学变化也会造成体积变化，但通常都远远小于水泥水化热产生的体积变化。因此，除采用水化热低的水泥外，要减小温度变形，还应千方百计地降低水泥用量，减少水的用量。根据试验每减少10 kg水泥，其水化热将使混凝土的温度相应升降1℃。这就要求做到以下四点：

（1）在满足结构安全的前提，尽量降低设计要求强度。

（2）众所周知，强度越低，水泥用量越小。充分利用混凝土后期强度，采用较长的设计龄期混凝土的强度，特别是掺加活性混合材（矿渣、粉煤灰）的。大体积混凝土因工程量大，施工时间长，有条件采用较长的设计龄期，如90 d、180 d等。折算成常规龄期28 d的设计强度就可降低，从而减小水泥用量。

（3）掺加粉煤灰。粉煤灰的水化热远小于水泥，7 d约为水泥1/3、28 d约为水泥的1/20掺加粉煤灰减小水泥用量可有效降低水化热。大体积混凝土的强度通常要求较低，允许参加较多的粉煤灰。另外，优质粉煤灰的需水性小，有减水作用，可降低混凝土的单位用水量和水泥用量；还可减小混凝土的自身体积收缩，有的还略有膨胀，有利于防裂。掺粉煤灰还能抑制碱骨料反应并防止因此产生的裂缝。

（4）掺减水剂。掺减水剂可有效地降低混凝土的单位用水量，从而降低水泥用量。缓凝型减水剂还有抑制水泥水化作用，可降低水化温升，有利于防裂。大体积混凝土中掺加的减水剂主要是木质素磺酸钙，它对水泥颗粒有明显的分散效应，可有效地增加混凝土拌和物的流动性，且能使水泥水化较充分，提高混凝土的强度。若保持混凝土的强度不变，可节约水泥10%。从而可降低水化热，同时可明显延缓水化热释放速度，热峰也相应推迟。

三、混凝土浇筑温度的控制

降低混凝土的浇筑温度对控制混凝土裂缝非常重要。相同混凝土，入模温度高的温升值要比入模温度低的大许多。混凝土的入模温度应视气温而调整。在炎热气候下不应超过28℃，冬季不应低于5℃。在混凝土浇筑之前，通过测量水泥、粉煤灰、砂、石、水的温度，可以估算浇筑温度。若浇筑温度不在控制要求内，则应采取相措施。

（一）在高温季节、高温时段浇筑的措施

1.除水泥水化温升外，混凝土本身的温度也是造成体积变化的原因，有条件的应尽量避免在夏季浇筑。若无法做到，则应避免在午间高温时浇筑。

2.高温季节施工时，设混凝土搅拌用水池（箱），拌和混凝土时，拌和水内可以加冰屑（可降低3～4℃）和冷却骨料（可降低10℃以上），降低搅拌用水的温度。

3.高温天气时，砂、石子堆场的上方设遮阳棚或在料堆上覆盖遮阳布，降低其含水率和料堆温度。同时提高骨料堆料高度，当堆料高度大于6 m时，骨料的温度接近月平均气温。

4.向混凝土运输车的罐体上喷洒冷水、在混凝土泵管上裹覆湿麻袋片控制混凝土入模前的温度。

5.预埋钢管，通冷却水。如果绝热温升很高，有可能因温度应力过大而导致温度裂缝时，浇灌前，在结构内部预埋一定数量的钢管（借助钢筋固定），除在结构中心布置钢管外，其余钢管的位置和间距根据结构形式和尺寸确定（温控措施圆满完成后用高标号灌浆料将钢管灌堵密实）。大体积混凝土浇灌完毕后，根据测温所得的数据，向预埋的管内通以一定温度的冷却水，应保证冷却水温度和混凝土温度之差不大于25℃，利用循环水带走水化热；冷却水的流量应控制，保证降温速率不大于15℃/d，温度梯度不大于2℃/m。尽管这种方法需要增加一些成本，却是降低大体积混凝土水化热温最为有效的措施。

6.可采用表面流水冷却，也有较好效果。

（二）保温措施

冬季施工如日平均气温低于5℃时，为防止混凝土受冻，可采取拌和水加热及运输过程的保温等措施。

（三）控制混凝土浇筑间歇期、分层厚度

各层混凝土浇筑间歇期应控制在7 d左右，最长不得超过10 d。为降低老混凝土的约束，须做到薄层、短间歇、连续施工。如因故间歇期较长，应根据实际情况在充分验算的基础上对上层混凝土层厚进行调整。

四、浇筑后混凝土的保温养护及温差监测

保温效果的好坏对大体积混凝土温度裂缝控制至关重要。保温养护采用在混凝土表面覆盖草垫、素土的养护方法。养护安排专人进行，养护时间5 d。

自施工开始就派专人对混凝土测温并做好详细记录，以便随时了解混凝土内外温差变化。

承台测温点共布设九个，分上中下三层，沿着基础的高度，分布于基础周边，中间及肋部。测温点具体埋设位置见专项施工方案（作业指导书）。混凝土浇筑完毕后即开始测温。在混凝土温度上升阶段每2 ~ 4 h测一次，温度下降阶段每8h测一次，同时应测大气温度，以便掌握基础内部温度场的情况，控制砼内外温差在25℃以内。根据监测结果，如果砼内部升温较快，砼内部与表面温度之差有可能超过控制值时，在混凝土外表面增加保温层。

当昼夜温差较大或天气预报有暴雨袭击时，现场准备足够的保温材料，并根据气温变化趋势及砼内部温度监测结果及时调整保温层厚度。

当砼内部与表面温度之差不超过20℃，且砼表面与环境温度之差也不超过20℃，逐层拆除保温层。当砼内部与环境温度之差接近内部与表面温差控制值时，则全部撤掉保温层。

五、做好表面隔热保护

大体积混凝土的裂缝，特别是表面裂缝，主要是由于内外温差过大产生的浇筑后，水泥水化使混凝土温度升高，表面易散热温度较低，内部不易散热温度较高，相对地表面收缩内部膨胀，表面收缩受内部约束产生拉应力。但通常这种拉应力较小，不至于超过混凝土抗拉强度而产生裂缝。只有同时遇冷空气袭击。或过水或过分通风散热、使表面降温过大时才会发生裂缝（浇筑后5 ~ 20d最易发生）。表面隔热保护防止表面降温过大，减小内外温差，是防裂的有效措施。

（一）不拆模保温蓄热养护

大体积混凝土浇灌完成后应适时地予以保温保湿养护（在混凝土内外温差不大于25℃的情况下，过早地保温覆盖不利于混凝土散热）。养护材料的选择、维护层数及拆除时间等应严格根据测温和理论计算结果而定。

（二）不拆模保温蓄热及混凝土表面蓄水养护

对于筏板式基础等大体积混凝土结构，混凝土浇灌完毕后，除在模板表面裹覆保温保湿材料养护外，可以通过在基础表面的四周砌筑砖围堰而后在其内蓄水的方法来养护混凝土，但应根据测温情况严格控制水温，确保蓄水的温度和混凝土的温度之差小于或等于25℃，以免混凝土内外温差过大而导致裂缝出现。

六、控制混凝土入模温度

混凝土的入模温度指混凝土运输至浇筑时的温度。冬期施工时，砼的入模温度不宜低于5℃。夏季施工时，混凝土的入模温度不宜高于30℃。

（一）夏季施工砼入模温度的控制

1.原材料温度控制。混凝土拌制前测定砂、碎石、水泥等原材料的温度，露天堆放的砂石应进行覆盖，避免阳光暴晒。拌和用水应在混凝土开盘前的1小时从深井抽取地下水，蓄水池在夏天搭建凉棚，避免阳光直射。拌制时，优先采用进场时间较长的水泥及粉煤灰，尽可能降低水泥及粉煤灰在生产过程中存留的余热。

2.采用砼搅拌运输车运输砼。运输车储运罐装混凝土前用水冲洗降温，并在砼搅拌运输车罐顶设置棉纱降温刷，及时浇水使降温刷保持湿润，在罐车行走转动过程中，使罐车周边湿润，蒸发水汽降低温度，并尽量缩短运输时间。运输混凝土过程中宜慢速搅拌混凝土，不得在运输过程加水搅拌。

3.施工时，要做好充分准备，备足施工机械，创造好连续浇筑的条件。砼从搅拌机到入模的时间及浇筑时间要尽量缩短。同时，为避免高温时段，浇筑应多选择在夜间施工。

（二）冬期施工砼入模温度的控制

1.冬期施工时，设置骨料暖棚，将骨料进行密封保存，暖棚内设置加热设施。粗细骨料拌和前先置于暖棚内升温。暖棚外的骨料使用帆布进行覆盖。配制一台锅炉，通过蒸汽对搅拌用水进行加热，以保证混凝土的入模温度不低于5℃。

2.砼的浇筑时间有条件时应尽量选择在白天温度较高的时间进行。

3.砼拌制好后，及时运往浇筑地点，在运输过程中，罐车表面采用棉被覆盖保温。

运输道路和施工现场及时清扫积雪，保证道路通畅，必要时运输车辆加防滑链。

七、养护

混凝土养护包括湿度和温度两个方面。结构表层混凝土的抗裂性和耐久性在很大程度上取决于施工养护过程中的温度和湿度养护。因为水泥只有水化到一定程度才能形成有利于混凝土强度和耐久性的微观结构。目前工程界普遍存在的问题是湿养护不足，对混凝土质量影响很大。湿养护时间应视混凝土材料的不同组成和具体环境条件而定。对于低水胶比又掺用掺和料的混凝土，潮湿养护尤其重要。湿养护的同时，还要控制混凝土的温度变化。根据季节不同采取保温和散热的综合措施，保证混凝土内表温差及气温与混凝土表面的温差在控制范围内。

八、加强施工质量控制

工程实践证明，大体积混凝土裂缝的出现与其质量的不均匀性有很大关系，混凝土强度不均匀，裂缝总是从最弱处开始出现，当混凝土质量控制不严，混凝土强度离散系数大时，出现裂缝的概率就大。加强施工管理，提高施工质量，必须从混凝土的原材料质量控制做起。科学进行配合比设计，施工中严格按照施工规范操作，特别要加强混凝土的振捣和养护，确保混凝土的质量，以减少混凝土裂缝的发生。

第六章 土石坝施工技术

第一节 土石坝施工基础

在进行土石方开挖及确定挖运组织时，须根据各种土石的工程性质、具体指标来选择施工方法及施工机具，并确定工料消耗和劳动定额。对土石方工程施工影响较大的因素主要有土的施工分级与性质。

从广义的角度而言，土包括土质土和岩石两大类。由于开挖的难易程度不同，水利水电工程中沿用十六级分类法时，通常把前Ⅰ～Ⅳ级叫作土（即土质土），Ⅴ级及以上的都叫作岩石。

一、土的工程性质

土的工程性质对土方工程的施工方法及工程进度影响很大。主要的工程性质有密度、含水量、渗透性、可松性等。

（一）土的工程性质指标

1.密度

土壤密度，就是单位体积土壤的质量。土壤保持其天然组织、结构和含水量时的密度称为自然密度。单位体积湿土的质量称为湿密度。单位体积干土的质量称为干密度。它是体现黏性土密实程度的指标，常用它来控制压实的质量。

2.含水量

土的含水量表示土壤空隙中含水的程度，常用土壤中水的质量与干土质量的百分比表示。含水量的大小直接影响黏性土的压实质量。

3.可松性

自然状态下的土经开挖后因变松散而使体积增大，这种性质称为土的可松性。土的可松性用可松性系数表示。

土的可松性系数，用于计算土方量、进行土方填挖平衡计算和确定运输工具数量，各种土的可松性系数见表6-1。

表6-1　各种土的可松性系数

土的类别	自然状态	挖松后	弃土堆
砂土	1.65 ~ 1.75	1.50 ~ 1.55	1.60 ~ 1.65
壤土	1.75 ~ 1.85	1.65 ~ 1.70	1.75 ~ 1.80
黏土	1.80 ~ 1.95	1.60 ~ 1.65	1.75 ~ 1.80
砂砾土	1.90 ~ 2.05	1.50 ~ 1.70	1.70 ~ 1.90
含砂砾壤土	1.85 ~ 2.00	1.70 ~ 1.80	1.05 ~ 1.15
含砂砾黏土	1.90 ~ 2.10	1.55 ~ 1.75	1.75 ~ 2.00
卵石	1.95 ~ 2.15	1.70 ~ 1.90	1.90 ~ 2.05

4.自然倾斜角

自然堆积土壤的表面与水平面间所形成的角度，称为土的自然倾斜角。挖方与填方边坡的大小，与土壤的自然倾斜角有关。确定土体开挖边坡和填土边坡时应慎重考虑，重要的土方开挖，应通过专门的设计和计算确定稳定边坡。挖深在5 m以内的窄槽未加支撑时的安全施工边坡一般可参考表6-2。

表6-2　挖深在5 m以内的窄槽未加支撑时的安全施工边坡

土的类别	人工开挖	机械开挖	备注
砂土	1：1.00	1：0.75	1. 必须做好防水措施，雨季应加支撑； 2. 附近如有强烈震动，应加支撑
轻亚黏土	1：0.67	1：0.50	
亚黏土	1：0.50	1：0.33	
黏土	1：0.33	1：0.25	
码石土	1：0.67	1：0.50	
干黄土	1：0.25	1：0.10	

（二）土的颗粒分类

根据土的颗粒级配，土可分为碎石类土、砂土和黏性土。按土的沉积年代，黏性土又可分为老黏性土、一般黏性土和新近沉积黏性土。按照土的颗粒大小，又可分为块石、碎石、砂粒等。

（三）土的松实关系

当自然状态的土挖松后，再经过人工或机械的碾压、振动，土可被压实。例如在填筑拦河坝时，从土区取 1 m^3 的自然方，经过挖松运至坝体进行碾压后的实体方，就小于原 1 m^3 的自然方，这种性质叫作土的可缩性。

在土方工程施工中，经常有三种土方的名称，即自然方、松方、实体方。它们之间有着密切的关系。

（四）土的体积关系

土体在自然状态下由土粒（矿物颗粒）、水和气体三相组成。当自然土体松动后，气体体积（即孔隙）增大，若土粒数量不变，原自然土体积小于松动后的土体积；当经过碾压或振动后，气体被排出，则压实后的土体积小于自然土体积。

对于砾、卵石和爆破后的块碎石，由于它们的块度大或颗粒粗，可塑性远小于土粒，因而它们的压实方大于自然方，几种典型土的体积变化换算系数见表6-3。

表6-3　几种典型土的体积变化换算系数

土壤种类	$P_{松}$	换算系数
黏土	1.27	0.90
壤土	1.25	0.90
砂	1.12	0.95
爆破块石	1.50	1.30
固结砾石	1.42	1.29

当 1 m^3 的自然土体松动后，土体增大了，因而单位体积的质量变轻了；再经

过碾压或振动，土粒紧密度增加，因而单位体积质量增大，即 $P_a < P_松 < P_实$。$P_松$ 为开挖后的土体密度，P_a 为未扰动的土体密度 $P_实$ 为碾压后的土体密度，单位均为 kg/m³。

在土方工程施工中，设计工程量为压实后的实体方，取料场的储量是自然方。在计算压实工程的备料量和运输量时，应该将二者之间的关系考虑进去，并考虑施工过程中技术处理、要求及其他不可避免的各种损耗。

二、土的工程分级

土的工程分级按照十六级分类法，前Ⅰ～Ⅳ级称为土。同一级土中各类土壤的特征有着很大的差异。例如坚硬黏土和含砾石黏土，前者含黏粒量（粒径 < 0.05 mm）在50%左右，而后者含砾石量在50%左右。它们虽都属Ⅰ级土，但颗粒组成不同，开挖方法也不尽相同。

在实际工程中，对土壤的特性及外界条件应在分级的基础上进行分析研究，认真确定土的级别。

第二节　土石方开挖与土料压实

一、土石方开挖

开挖和运输是土方工程施工的两项主要过程，承担这两项过程施工的机械是各类挖掘机械、挖运组合机械和运输机械。

（一）挖掘机械

挖掘机械的作用主要是完成挖掘工作，并将所挖土料卸在机身附近或装入运输工具中。

挖掘机械按工作机构可分为单斗式和多斗式两类。

1.单斗式挖掘机

（1）单斗式挖掘机的类型

单斗式挖掘机由工作装置、行驶装置和动力装置等组成。工作装置有正向铲、反向铲、索铲和抓铲等。工作装置可用钢索或液压操作。行驶装置一般为履带式或轮胎式。动力装置可分为内燃机拖动、电力拖动和复合式拖动等几种类型。

①正向铲挖掘机。该种挖掘机由推压和提升完成挖掘，开挖断面是弧形，最适用于挖停机面以上的土方，也能挖停机面以下的浅层土方。由于稳定性好，铲土能力大，可以挖各种土料及软岩、岩渣进行装车。它的特点是循环式开挖，由挖掘、回转、卸土、返回构成一个工作循环，生产率的大小取决于铲斗大小和循环时间的长短。正向铲的斗容从 5 m³ 至几十立方米，工程中常用 1 ~ 4 m³。基坑土方开挖常采用正面开挖，土料场及渠道土方开挖常用侧面开挖，还要考虑与运输工具的配合问题。

正向铲挖掘机施工时，应注意以下几点：为了操作安全，使用时应将最大挖掘高度、挖掘半径值减少5% ~ 10%；在挖掘黏土时，工作面高度宜小于最大挖土半径时的挖掘高度，以防止出现土体倒悬现象；为了发挥挖掘机的生产效率，工作面高度应不低于挖掘一次即可装满铲斗的高度。

挖掘机的工作面称为掌子面，正向铲挖掘机主要用于停机面以上的掌子面开挖。根据掌子面布置的不同，正向铲挖掘机有不同的作业方式。

正向挖土，侧向卸土：挖掘机沿前进方向挖土，运输工具停在它的侧面装土（可停在停机面或高于停机面上）。这种挖掘运输方式在挖掘机卸土时，动臂回转角度很小，卸料时间较短，挖运效率较高，施工中应尽量布置成这种施工方式。

正向挖土，后方卸土：挖掘机沿前进方向挖土，运输工具停在它的后面装土。卸土时挖掘机动臂回转角度大，运输车辆须倒退对位，运输不方便，生产效率低。适用于开挖深度大、施工场地狭小的场合。

②反向铲挖掘机。反向铲挖掘机为液压操作方式时，适用于停机面以下土方开挖。挖土时后退向下，强制切土，挖掘力比正向铲挖掘机小，主要用于小型基坑、沟渠、基槽和管沟开挖。反向铲挖土时，可用自卸汽车配合运土，也可直接弃土于坑槽附近。由于稳定性及铲土能力均比正向铲差，只用来挖Ⅰ~Ⅱ级土，硬土要先进行预松。反向铲的斗容有 0.5 m³、1.0 m³、1.6 m³ 几种，目前最大斗容已超过 3 m³。

反向铲挖掘机工作方式分为以下两种：

沟端开挖。挖掘机停在基坑端部，后退挖土，汽车停在两侧装土。

沟侧开挖。挖掘停在基坑的一侧移动挖土，可用汽车配合运土，也可将土卸于弃土堆。由于挖掘机与挖土方向垂直，挖掘机稳定性较差，而且挖土的深度和宽度均较小，故这种开挖方法只是在无法采用沟端开挖或无须将弃土运走时采用。

③索铲挖掘机。索铲挖掘机的铲斗用钢索控制，利用臂杆回转将铲斗抛至较远距离，回拉牵引索，靠铲斗自重下切装满铲斗，然后回转装车或卸土。由于挖掘半径、卸土半径、卸土高度较大，最适用于水下土砂及含水量大的土方开挖，在大型渠道、基坑及水下砂卵石开挖中应用广泛。开挖方式有沟端开挖和沟侧开挖两种。当开挖宽度和卸土半径较小时，用沟端开挖；当开挖宽度大，卸土距离远时，用沟侧开挖。

④抓铲挖掘机。抓铲挖掘机靠铲斗自由下落中斗瓣分开切入土中，抓取土料合瓣后提升，回转卸土。其适用于挖掘窄深型基坑或沉井中的水下淤泥，也可用于散粒材料装卸，在桥墩等柱坑开挖中应用较多。

（2）单斗式挖掘机生产率计算

施工机械的生产率是指它在一定时间内和一定条件下，能够完成的工程量。生产率可分为理论生产率、技术生产率和实用生产率。实用生产率是考虑了在生产中各种不可避免的停歇时间（如加燃料、换班、中间休息等）之后，所能达到的实际生产率。不同土质对挖掘机的实用生产率影响较大，见表6-4、6-5。

表6-4 挖掘机铲斗充盈系数

土壤名称	尺充	土壤名称	尺充
湿砂、壤土	1.0 ~ 1.1	中等密实含砾石黏土	0.6 ~ 0.8
小砾石、砂壤土	0.8 ~ 1.0	密实含砾石黏土	0.6 ~ 0.7
中等黏土	0.75 ~ 1.0	爆得好的岩石	0.6 ~ 0.75
密实黏土	0.6 ~ 0.8	爆得不好的岩石	0.5 ~ 0.7

表6-5　土壤可松性系数

挖掘机斗容（m³）	土壤级别					
	I	II	III	IV	爆得好的岩石	爆得不好的岩石
0.25 ~ 0.75	0.89	0，82	0.79	0.74	0.68	0.67
1.0 ~ 2.0	0.91	0.83	0.80	0.76	0.69	0.68
3.0 ~ 15.0	0.93	0.85	0.82	0.78	0.71	0.69
20.0 ~ 40.0	0.95	0.87	0.83	0.80	0.73	0.70

可以看出，要想提高挖掘机的实用生产率，必须提高单位时间的循环次数和所装容量。为此可采取下述措施：加长中间斗齿长度，以减小铲土阻力，从而减少铲土时间；合并回转、升起、降落的操纵过程，采用卸土转角小的装车或卸土方式，以缩短循环时间；挖松散土料时，可更换大铲斗；加强机械的保养维修，保证机械正常运转；合理布置工作面，做好场地准备工作，使工作时间得以充分利用；保证有足够的运输工具并合理地组织好运输路线，使挖掘机能不断地进行工作。

2.多斗式挖掘机

多斗式挖掘机是一种连续作业式挖掘机械，按构造不同，可分为链斗式和斗轮式两类。链斗式是由传动机械带动，固定在传动链条上的土斗进行挖掘的，多用于挖掘河滩及水下砂砾料；斗轮式是用固定在转动轮上的土斗进行挖掘的，多用于挖掘陆地上的土料。

（1）链斗式采砂船

水利水电工程中常用的国产采砂船有120 m³/h和250 m³/h两种，采砂船是无自航能力的砂砾石采掘机械。当远距离移动时，须靠拖轮拖带；近距离移动时（如开采时移动），可借助船上的绞车和钢丝绳移动。其配合的运输工具一般采用轨距为1435 mm和762 mm的机车牵引矿斗车（河滩开采）或与砂驳船（河床水下开采）配合使用。

（2）斗轮式挖掘机

斗轮式挖掘机的斗轮装在可仰俯的斗轮臂上，斗轮上装有7 ~ 8个铲斗，当斗轮转动时，即可挖土，铲斗转到最高位置时，斗内土料借助自重卸到受料皮带机上，并卸入运输工具或直接卸到料堆上。斗轮式挖掘机的主要特点是斗轮转速较快，连续作业，因而生产率高。此外，斗轮臂倾角可以改变，且可回转360°，因而开挖范围大，可适应不同形状工作面的要求。

（二）挖运组合机械

挖运组合机械是指由一种机械同时完成开挖、运输、卸土任务，有推土机、铲运机及装载机。

1.推土机

推土机在水利水电工程施工中应用很广，可用于平整场地、开挖基坑、推平填方、堆积土料、回填沟槽等。推土机的运距不宜超过60～100 m，挖深不宜大于1.5～2.0 m，填高不宜大于2～3 m。

推土机按安装方式可分为固定式和万能式两种，按操纵机构可分为索式及液压式两种，按行驶机构可分为轮胎式和履带式两种。

固定式推土机的推土器仅能升降，而万能式不仅能升降，还可在三个方向调整角度。固定式结构简单，应用广泛。索式推土机的推土器升降是利用卷扬机和钢索滑轮组进行的，升降速度较快，操作较方便；缺点是推土器不能强制切土，推硬土有困难。液压式推土机升降是利用液压装置来进行控制的，因而可以强制切土，但提升高度和速度不如索式。由于液压式推土机具有重量轻、构造简单、操作容易、震动小、噪声低等特点，应用较为广泛。

推土机的开行方式基本上是穿梭式的。为了提高推土机的生产率，应力求减少推土器两侧的散失土料，一般可采用槽行开挖、下坡推土、分段铲土、集中推运及多机并列推土等方法。

2.铲运机

铲运机是一种能铲土、运土和填土的综合性土方工程机械。它一次能铲运几立方米到几十立方米的土方，经济运距达几百米。铲运机能开挖黏性土和砂卵石，多用于平整场地、开采土料、修筑渠道和路基，以及软基开挖等。

铲运机按操纵系统分为索式和液压式两种，按牵引方式分为拖行式和自行式两种，按卸土方式分为自由卸土、强制卸土和半强制卸土三种。

3.装载机

装载机是一种工作效率高、用途广泛的工程机械，它不仅可对堆积的松散物料进行装、运、卸作业，还可以对岩石、硬土进行轻度的铲掘工作，并能用于清理、刮平场地及牵引作业。如更换工作装置，还可完成堆土、挖土、松土、起重及装载棒状物料等工作，因此被广泛应用。

装载机按行走装置可分为轮胎式和履带式两种，按卸载方式可分为前卸式、后卸式和回转式三种，按铲斗的额定重量可分为小型（＜1t）、轻型（1～3t）、中型（4～8t）、重型（＞10t）四种。

（三）运输机械

水利工程施工中，运输机械有无轨运输、有轨运输和皮带机运输等。

1.无轨运输

在我国水利水电工程施工中，汽车运输因其操纵灵活、机动性大，能适应各种复杂的地形，已成为最广泛采用的运输工具。

土方运输一般采用自卸汽车。目前常用的车型有上海、黄河、解放、斯太尔和卡特等。随着施工机械化水平的不断提高，工程规模愈来愈大，国内外都倾向于采用大吨位重型和超重型自卸汽车，其载重量可达60～100t。

对于车型的选择方面，自卸汽车车厢容量，应与装车机械斗容相匹配。一般自卸汽车容量为挖装机械斗容的3～5倍较适合。汽车容量太大，其生产率就会降低；反之，挖装机械生产率降低。

对于施工道路，要求质量优良。加强经常性养护，可提高汽车运输能力和延长汽车使用年限；汽车道路的路面应按工程需要而定，一般多为泥结碎石路面，运输量及强度大的可采用混凝土路面。对于运输线路的布置，一般是双线式和环形式，应依据施工条件、地形条件等具体情况确定，但必须满足运输量的要求。

2.有轨运输

水利水电工程施工中所用的有轨运输，除巨型工程以外，其他工程均为窄轨铁路。窄轨铁路的轨距有1000 mm、762 mm、610 mm等。轨距为1000 mm和762 mm，窄轨铁路的钢轨质量为11～18kg/m，其上可行驶3 m^3、6 m^3、15 m^3的可倾翻的车厢，用机车牵引。轨距610 mm的钢轨质量为8kg/m，其上可行驶1.5～1.6 m^3可倾翻的铁斗车，可用人力推运或电瓶车牵引。

铁路运输的线路布置方式，有单线式、单线带岔道式、双线式和环形式四种。线路布置及车型应根据工程量的大小、运输强度、运距远近和当地地形条件来选定。需要指出的是，随着大吨位汽车的发展和机械化水平的提高，目前国内水电工程一般多采用无轨运输方式，仅在一些有特殊条件限制的情况下才考虑采用有轨运输（如小断面隧洞开挖运输）。若选用有轨运输，为确保施工安全，工人只许推车不许拉车，两车前后应保持一定的距离。当为坡度小于0.5%的下坡道时，不得小于10 m；当为坡度大于0.5%的下坡道或车速大于3 m/s时，不得小于30 m。每一个工人在平直的轨道上只能推运重车一辆。

3.皮带机运输

皮带机是一种连续式运输设备，适用于地形复杂、坡度较大、通过地形较狭窄和跨越深沟等情况，特别适用于运输大量的粒状材料。

按皮带机能否移动，可分为固定式和移动式两种。固定式皮带机，没有行走装置，多用于运距长而路线固定的情况。移动式皮带机则有行走装置，一般长5~15 m，移动方便，适用于需要经常移动的短距离运输。按承托带条的托辊分，有水平和槽形两种形式，一般常用槽形。皮带宽度有300 mm、400 mm、500 mm、650 mm、800 mm、1000 mm、1200 mm、1400 mm、1600 mm等。其运行速度一般为1~2.5 m/s。皮带机的允许坡度和运行速度，可参考表6-6。

表6-6　皮带机的允许坡度和运行速度

材料	带条运行速度（m/s）			允许坡度（°）	
	带宽（mm）				
	400、650	800、1000	1200、1400	上升	下降
干砂	1.25~2.0	1.6~2.5	1.6~2.5	15	9~10
湿砂	1.25~2.0	1.6~2.5	1.6~2.5	15	21~22
砾石	1.25~2.0	1.6~2.5	1.6~2.5	20	14~15
碎石	1.0~1.6	1.25~2.0	1.25~2.0	18	11~12
干松泥土	1.25~2.0	1.6~2.5	1.6~2.5	20	14~15
水泥	1.5	1.5	1.5	20	—
混凝土（坍落度＜4 cm）	1.5	1.5	1.5	18	12
混凝土（坍落度4~8 cm）	1.5	1.5	1.5	15	10

二、土料压实

（一）影响土料压实的因素

土料压实的程度主要取决于机具能量（压实功）、碾压遍数、铺土的厚度和土料的含水量等。

土料是由土粒、水和空气三相体组成的。通常固相的土粒和液相的水是不会被压缩的，土料压实就是将被水包围的细土颗粒挤压填充到粗土粒间的孔隙中去，从而排走空气，使土料的孔隙率减小，密实度提高。一般来说，碾压遍数越多，则土料越密实，当碾压到接近土料的极限密度时，再进行碾压，那时起的作用就不明显了。

在同一碾压条件下，土的含水量对碾压质量有直接的影响。当土具有一定含水量时，水的润滑作用使土颗粒间的摩擦阻力减小，从而使土易于压实。但当含水量超过某一限度时，土中的孔隙全由水来填充而呈饱和状态，反而使土难以压实。

（二）土料压实方法、压实机械及其选择

1.压实方法

土料的物理力学性能不同，压实时要克服的压实阻力也不同。黏性土的压实主要是克服土体内的凝聚力，非黏性土的压实主要是克服颗粒间的摩擦力。压实机械作用于土体上的外力有静压碾压、振动碾压和夯击三种。

静压碾压：作用在土体上的外荷不随时间而变化；振动碾压：作用在土体上的外力随时间做周期性的变化；夯击：作用在土体上的外力是瞬间冲击力，其大小随时间而变化。

2.压实机械

在碾压式的小型土坝施工中，常用的碾压机具有平碾、肋形碾，也有用重型履带式拖拉机作为碾压机具使用的。碾压机具主要是靠沿土面滚动时碾滚本身的重量，在短时间内对土体产生静荷重作用，使土粒互相移动而达到密实。

（1）平碾

平碾的钢铁空心滚筒侧面设有加载孔，加载大小根据设计要求而定。平碾碾压质量差、效率低，较少采用。

（2）肋形碾

肋形碾一般采用钢筋混凝土预制。肋形碾单位面积压力较平碾大，压实效果比平碾好，用于黏性土的碾压。

（3）羊脚碾

羊脚碾的碾压滚筒表面设有交错排列的羊脚。钢铁空心滚筒侧面设有加载孔，加载大小根据设计要求而定。

羊脚碾的羊脚插入土中，不仅使羊脚底部的土体受到压实，而且使其侧向土体受到挤压，从而达到均匀压实的效果。碾筒滚动时，表层土体被翻松，有利于上下层间结合。但对于非黏性土，由于插入土体中的羊脚使无黏性颗粒产生向上和侧向的移动，由此会降低压实效果，所以羊脚碾不适用于非黏性土的压实。

羊脚碾压实有两种方式：圈转套压和进退错距。后种方式压实效果较好。羊脚碾的碾压遍数，可按土层表面都被羊脚压过一遍即可达到压实要求考虑。

（4）气胎碾

气胎碾是一种拖式碾压机械，分单轴和双轴两种。单轴气胎碾主要由装载荷载的金属车厢和装在轴上的4～6个充气轮胎组成。碾压时，在金属车厢内加载同时将气胎充气至设计压力。为避免气胎损坏，停工时用千斤顶将金属车厢顶起，并把胎内的气放出一些。

气胎碾在压实土料时，充气轮胎随土体的变形而发生变形。开始时，土体很松，轮胎的变形小，土体的压缩变形大。随着土体压实密度的增大，气胎的变形也相应增大，气胎与土体的接触面积也增大，这样始终能保持较均匀的压实效果。另外，还可通过调整气胎内压，来控制作用于土体上的最大应力，使其不致超过土料的极限抗压强度。增加轮胎上的荷重后，由于轮胎的变形调节，压实面积也相应增加，所以平均压实应力的变化并不大。因此，气胎的荷重可以增加到很大的数值。对于平碾和羊脚碾，由于碾滚是刚性的，不能适应土壤的变形，荷载过大就会使碾滚的接触应力超过土壤的极限抗压强度，而使土壤结构遭到破坏。

气胎碾既适宜于压实黏性土，又适宜于压实非黏性土，适用条件好，压实效率高，是一种十分有效的压实机械。

（5）振动碾

振动碾是一种振动和碾压相结合的压实机械。它是由柴油机带动与机身相连的轴旋转，使装在轴上的偏心块产生旋转，迫使碾滚产生高频振动。振动功能以压力波的形式传递到土体内。非黏性土料在振动作用下，内摩擦力迅速降低，同时由于颗粒不均匀，振动过程中粗颗粒质量大、惯性力大，细颗粒质量小、惯性力小。粗细颗粒由于惯性力的差异而产生相对移动，细颗粒因此填入粗颗粒间的空隙，使土体密实。而对于黏性土，由于土粒比较均匀，在振动作用下，不能取得像非黏性土那样的压实效果。

（6）蛙夯

夯击机械是利用冲击作用来压实土方的，具有单位压力大、作用时间短的特点，既可用来压实黏性土，也可用来压实非黏性土。蛙夯由电动机带动偏心块旋转，在离心力的作用下带动夯头上下跳动而夯击土层。夯击作业时各夯之间要套压。一般用于施工场地狭窄、碾压机械难以施工的部位。

以上碾压机械碾压实土料的方法有两种：圈转套压法和进退错距法。

①圈转套压法：碾压机械从填方一侧开始，转弯后沿压实区域中心线另一侧返回，逐圈错距，以螺旋形线路移动进行压实。这种方法适用于碾压工作面大，多台碾具同时碾压的情况，优点是生产效率高；但转弯处重复碾压过多，容易引起超压剪切破坏，转角处易漏压，难以保证工程质量。

②进退错距法：碾压机械沿直线错距进行往复碾压。这种方法操作简单，容易控制碾压参数，便于组织分段流水作业，漏压重压少，有利于保证压实质量。此法适用于工作面狭窄的情况。

由于振动作用，振动碾的压实影响深度比一般碾压机械大1~3倍，可达1 m以上。它的碾压面积比振动夯、振动器压实面积大，生产率高。振动碾压实效果好，从而使非黏性土料的相对密实度大为提高，坝体的沉陷量大幅度降低，稳定性明显增强，使土工建筑物的抗震性能大为改善。故抗震规范明确规定，对有防震要求的土工建筑物必须用振动碾压实。振动碾结构简单，制作方便，成本低廉，生产率高，是压实非黏性土石料的高效压实机械。

3.压实机械的选择

选择压实机械主要考虑如下原则：

（1）适应筑坝材料的特性。黏性土应优先选用气胎碾、羊脚碾；砾质土宜用气胎碾、夯板；堆石与含有特大粒径的砂卵石宜用振动碾。

（2）应与土料含水量、原状土的结构状态和设计压实标准相适应。对含水量高于最优含水量1%～2%的土料，宜用气胎碾压实；当重黏土的含水量低于最优含水量，原状土天然密度高并接近设计标准时，宜用重型羊脚碾、夯板；当含水量很高且要求压实标准较低时，黏性土也可选用轻型的肋形碾、平碾。

（3）应与施工强度大小、工作面宽窄和施工季节相适应。气胎碾、振动碾适用于生产要求强度高和抢时间的雨季作业；夯击机械宜用于坝体与岸坡或刚性建筑物的接触带、边角和沟槽等狭窄地带。冬季作业则选择大功率、高效能的机械。

（4）应与施工单位现有机械设备情况和习用某种设备的经验相适应。

（三）压实参数的选择及现场压实试验

坝面的铺土压实，除应根据土料的性质正确地选择压实机具外，还应合理地确定黏性土料的含水量、铺土厚度、压实遍数等各项压实参数，以便使坝体既达到要求的密度，而同时消耗的压实功能又最少。由于影响土石料压实的因素很复杂，目前还不能通过理论计算或由实验室确定各项压实参数，因此宜通过现场压实试验进行选择。现场压实试验应在坝体填筑以前，即在土石料和压实机具已经确定的情况下进行。

1.压实标准

土石坝的压实标准是根据设计要求通过试验提出来的。对于黏性土，在施工现场是以干密度作为压实指标来控制填方质量的。对于非黏性土则以土料的相对密度来控制。由于在施工现场用相对密度来进行施工质量控制不方便，因此往往将相对密度换算成干密度，以作为现场控制质量的依据。

2.压实参数的选择

当初步选定压实机具类型后，即可通过现场碾压试验进一步确定为达到设计要求的各项压实参数。对于黏性土，主要是确定含水量、铺土厚度和压实遍数。对于非黏性土，一般多加水可压实，所以主要是确定铺土厚度和压实遍数。

3.碾压试验

根据设计要求和参考已建工程资料，可以初步确定压实参数，并进行现场碾压试验。

（1）试验场地选择

要求试验场地地面密实，地势平坦开阔，可以选在建筑物附近或在建筑物的不重要部位。

（2）场地布置

场地布置见表6-7。

表6-7 试验的铺土厚度和压实遍数

序号	压实机械名称	铺松土厚度（cm）	碾压遍数	
			黏性土	非黏性土
1	80型履带拖拉机	10-13-16	6-8-10-12	4-6-8-10
2	10t平碾	16-20-24	4-6-8-10	2-4-6-8
3	5t双联羊脚碾	19-23-27	8-11-14-18	—
4	30t双联羊脚碾	50-25-65	4-6-8-10	—
5	13.5t振动平碾	75-100-150	—	2-4-6-8
6	25t气胎碾	28-34-40	4-6-8-10	2-4-6-8
7	50t气胎碾	40-50-60	4-68-10	2-4-6-8
8	2～3t夯板	80-100-150	2-4-6	2-3-5

4.碾压试验成果整理分析

根据上述碾压试验成果，进行综合整理分析，以确定满足设计干密度要求的最合理碾压参数，步骤如下：

①根据干密度测定成果表，绘制不同铺土厚度、不同压实遍数土料含水量和干密度的关系曲线。

②查出最大干密度对应的最优含水量，填入最大干密度与最优含水量汇总表。

③根据表绘制出铺土厚度、压实遍数和最优含水量、最大干密度的关系曲线。

对于非黏性土料的压实试验，也可用上述类似的方法进行，但因含水量的影响较小，可以不做考虑。根据试验成果，按不同铺土厚度绘制干密度（或相对密度）与压实遍数的关系曲线，然后根据设计干密度（或相对密度）即可由曲线查得在某种铺土厚度情况下所需的压实遍数，再选择其中压实工作量最小的，即仍以单位压实遍数的压实厚度最大者为经济值，取其铺土厚度和压实遍数作为施工的依据。

选定经济压实厚度和压实遍数后，应首先核对是否满足压实标准的含水量要求，然后将选定的含水量控制范围与天然含水量比较，看是否便于施工控制，否则可适当改变含水量和其他参数。有时对同一种土料采用两种压实机具、两种压实遍数是最经济合理的。

第三节　碾压式土石坝施工

一、坝基与岸坡处理

坝基与岸坡处理工程为隐蔽工程，必须按设计要求并遵循有关规定认真施工。

清理坝基、岸坡和铺盖地基时，应将树木、草皮、树根、乱石、坟墓和各种建筑物等全部清除，并认真做好水井、泉眼、地道、洞穴等处理。坝基和岸坡表层的粉土、细砂、淤泥、腐殖土、泥炭等均应按设计要求和有关规定清除。对于风化岩石、坡积物、残积物、滑坡体等，应按设计要求和有关规定处理。

坝基岸坡的开挖清理工作，宜自上而下一次完成。对于高坝可分阶段进行。凡坝基和岸坡易风化、易崩解的岩石和土层，开挖后不能及时回填者，应留保护层，或喷水泥砂浆或喷混凝土保护。防渗体、反滤层和均质坝体与岩石岸坡接合，必须采用斜面连接，不得有台阶、急剧变坡及反坡。对于局部凹坑、反坡和不平顺岩面，可用混凝土填平补齐，使其达到设计坡度。

防渗体或均质坝体与岸坡接合，岸坡应削成斜坡，不得有台阶、急剧变坡及反坡。岩石开挖清理坡度不陡于1∶0.75，土坡不陡于1∶1.15。防渗体部位的坝基、岸坡岩面开挖，应采用预裂、光面等控制爆破法，使开挖面基本平顺。必要时可预留保护层，在开始填筑前清除。人工铺盖的地基按设计要求清理，表面应平整压实。砂砾石地基上，必须按设计要求做好反滤过渡层。坝基中软黏土、湿陷性黄土、软弱夹层、中细砂层、膨胀土、岩溶构造等，应按设计要求进行处理。天然黏性土岸坡的开挖坡度，应符合设计规定。

对于河床基础，当覆盖层较浅时，一般采用截水墙（槽）处理。截水墙

（槽）施工受地下水的影响较大，因此必须注意解决不同施工深度的排水问题，特别注意防止软弱地基的边坡受地下水影响引起塌坡。对于施工区内的裂隙水或泉眼，在回填前必须认真处理。

土石坝用料量很大，在坝型选择阶段应对土石料场全面调查，在施工前还应结合施工组织设计，对料场做进一步勘探、规划和选择。料场的规划包括空间、时间、质与量等方面的全面规划。

空间规划，是指对料场的空间位置、高程进行恰当选择，合理布置。土石料场应尽可能靠近大坝，并有利于重车下坡。用料时，原则上低料低用、高料高用，以减少垂直运输。最近的料场一般也应在坝体轮廓线以外300 m以上，以免影响主体工程的防渗和安全。坝的上下游、左右岸最好都有料场，以利于各个方向同时向大坝供料，保证坝体均衡上升。料场的位置还应利于排除地表水和地下水，对土石料场也应考虑与重要建筑物和居民点保持足够的防爆、防震安全距离。

时间规划，是指料场的选择要考虑施工强度、季节和坝前水位的变化。在用料规划上力求做到近料和上游易淹的料场先用，远料和下游不易淹的料场后用；含水量高的料场旱季用，含水量低的料场雨季用。上坝强度高时充分利用运距近、开采条件好的料场，上坝强度低时用运距远的料场，以平衡运输任务。在料场使用计划中，还应保留一部分近料场，供合龙段填筑和拦洪度汛施工高峰时使用。

料场质与量的规划，是指对料场的质量和储量进行合理规划。料场的质与量是决定料场取舍的前提。在选择和规划使用料场时，应对料场的地质成因、产状、埋深、储量及各种物理力学性能指标进行全面勘探和试验，选用料场应满足坝体设计施工的质量要求。

料场规划时还应考虑主要料场和备用料场。主要料场，是指质量好、储量大、运距近的料场，且可常年开采；备用料场一般设在淹没区范围以外，以便当主要料场被淹没或因库水位抬高而导致土料过湿或其他原因不能使用时使用备用料场，保证坝体填筑的正常进行。主要料场总储量应为设计总强度的1.5 ~ 2.0倍，备用料场的储量应为主要料场的20% ~ 30%。

此外，为了降低工程成本，提高经济效益，还应尽量充分利用开挖料作为大坝填筑材料。当开挖时间与上坝填筑时间不相吻合时，则应考虑安排必要的堆料场加以储备。

二、土石料挖运组织

（一）综合机械化施工的基本原则

土石坝施工，工程量很大，为了降低劳动强度，保证工程质量，有必要采用综合机械化施工。组织综合机械化施工的原则如下：

1.确保主要机械发挥作用

主要机械是指在机械化生产线中起主导作用的机械。充分发挥它的生产效率，有利于加快施工进度，降低工程成本。如土方工程机械化施工过程中，施工机械组合为挖掘机、自卸汽车、推土机、振动碾。挖掘机为主要机械，其他为配套机械，挖掘机如出现故障或工效降低，会导致停产或施工强度下降。

2.根据机械工作特点进行配套组合

连续式开挖机械和连续式运输机械配合，循环式开挖机械和循环式运输机械配合，形成连续生产线。否则，需要增加中间过渡设备。

3.充分发挥配套机械作用

选择配套机械，确定配套机械的型号、规格和数量时，其生产能力要略大于主要机械的生产能力，以保证主要机械的生产能力。

4.便于机械使用、维修管理

选择配套机械时，尽量选择一机多能型，减少衔接环节。同一种机械力求型号单一，便于维修管理。

5.合理布置、加强保养、提高工效

严格执行机械保养制度，使机械处于最佳状态，合理布置工作面和运输道路。

目前，一般在中小型的工程中，多数不能实现综合机械化施工，而采用半机械化施工，在配合时也应根据上述原则结合现场具体情况，合理组织施工。

（二）挖运方案及其选择

1.人工开挖，马车、拖拉机、翻斗车运土上坝。人工挖土装车，马车运输，距离不宜大于 1 km；拖拉机、翻斗车运土上坝，适宜运距为 2～4 km，坡度宜为 0.5% ~ 1.5%。

2.挖掘机挖土装车，自卸汽车运输上坝。正向铲开挖、装车，自卸汽车运输直接上坝，通常运距小于 10 km。自卸汽车可运各种坝料，运输能力高，设备通用性强，能直接铺料，转弯半径小，爬坡能力较强，机动灵活，使用管理方便，设备易于获得。目前，国内外土石施工普遍采用自卸汽车。

3.在施工布置上，正向铲一般采用立面开挖，汽车运输道路可布置成循环路线，装料时采用侧向掌子面，即汽车鱼贯式的装料与行驶。这种布置形式可避免汽车的倒车时间和挖掘机的回转时间，生产率高，能充分发挥正向铲与汽车的效率。

4.挖掘机挖土装车，胶带机运输上坝。胶带机的爬坡能力强、架设简易，运输费用较低，运输能力也较大，适宜运距小于 10 km。胶带机可直接从料场运输上坝；也可与自卸汽车配合，做长距离运输，在坝前经漏斗卸入汽车转运上坝；或与有轨机车配合，用胶带机转运上坝做短距离运输。

5.斗轮式挖掘机挖土装车，胶带机运输上坝。该方案具有连续生产，挖运强度高，管理方便等优点。陕西石头河水库土石坝施工采用该挖运方案。

6.采砂船挖土装车，机车运输，转胶带机上坝。在国内一些大中型水电工程施工中，广泛采用采砂船开采水下的砂班料，配合有轨机车运输。当料场集中，运输量大，运距大于 10 km 时，可用有轨机车进行水平运输。有轨机车的临建工程量大，设备投资较高，对线路坡度和转弯半径要求也较高，不能直接上坝，在坝脚经卸料装置转胶带机运土上坝。

总之，在选择开挖运输方案时，应根据工程量大小、土料上坝强度、料场位置与储量、土质分布、机械供应条件等综合因素，进行技术上和经济上的分析，之后确定经济合理的挖运方案。

（三）挖运强度与设备

分期施工的土石坝，应根据坝体分期施工的填筑强度和开挖强度来确定相应的机械设备容量。

为了充分发挥自卸汽车的运输能效，应根据挖掘机械的斗容选择具有适宜容量的汽车型号。挖掘机装满一车斗数的合理范围应为 3 ~ 5 斗，通常要求装满一车的时间为 3.5 ~ 4 min，卸车时间不超过 2 min。

三、坝面作业施工

（一）坝面作业施工组织

坝面作业包括铺土、平土、洒水或晾晒（控制含水量）、压实、刨毛（平碾碾压）、修整边坡、修筑反滤层和排水体及护坡、质量检查等工序。坝体土方填筑的特点是：作业面狭窄，工种多，工序多，机具多，施工干扰大。若施工组织不当，将产生干扰，造成窝工，影响工程进度和施工质量。为了避免施工干扰，充分发挥各不同工序施工机械的生产效率，一般采用流水作业法组织坝面施工。

采用流水作业法组织施工时，首先根据施工工序将坝面划分成几个施工段，然后组织各工种的专业队依次进入所划分的施工段施工。对同一施工段而言，各专业队按工序依次连续进行施工；对各专业队，则不停地轮流在各个施工段完成本专业的施工工作。施工队作业专业化有利于工人技术的熟练和提高，同时在施工过程中也保持了人、地、机具等施工资源的充分利用，避免了施工干扰和窝工。各施工段面积的大小取决于各施工期土料上坝的强度。

（二）坝面填筑施工要求

1.基本要求

铺料宜沿坝轴线方向进行，铺料应及时，严格控制铺土厚度，不得超厚。防渗体土料应用进占法卸料，汽车不应在已压实土料面上行驶。砾质土、风化料、掺和土可视具体情况选择铺料方式。汽车穿越防渗体路口段时，应经常更换位置，每隔40 ~ 60 m宜设专用道口，不同填筑层路口段应交错布置，对路口段超压土体应予以处理。防渗体分段碾压时，相邻两段交接带碾迹应彼此搭接，垂直碾压方向搭接带宽度应为0.3 ~ 0.5 m，顺碾压方向搭接带宽度应为1 ~ 1.5 m。平土要求厚度均匀，以保证压实质量，对于自卸汽车或皮带机上坝，由于卸料集中，多采用推土机或平土机平土。斜墙坝铺筑时应向上游倾斜1% ~ 2%的坡度，对均质坝、心墙坝，应使坝面中部凸起，向上下游倾斜1% ~ 2%的坡度，以便排除雨水。铺填时土料要平整，以免雨后积水，影响施工。

2.心墙、斜墙、反滤料施工

心墙施工中，应注意使心墙与砂壳平衡上升。心墙上升快，易干裂影响质量；砂壳上升太快，则会造成施工困难。因此，要求在心墙填筑中应保持同上下游反滤料及部分坝壳平起，骑缝碾压。为保证土料与反滤料层次分明，可采用土砂平起法施工。根据土料与反滤料填筑先后顺序的不同，又分为先土后砂法和先砂后土法。

先砂后土法。即先铺反滤料，后铺土料。当反滤料宽度较小3 m时，铺一层反滤料，填两层土料，碾压反滤料并骑缝压实与土料的结合带。因先填砂层与心墙填土收坡方向相反，为减少土砂交错宽度，碧口、黑河等坝在铺第二层土料前，采用人工将砂层沿设计线补齐。对于高坝，反滤层宽度较大，机械铺设方便，反滤料铺层厚度与土料相同，平起铺料和碾压。如小浪底斜心墙，下游侧设两级反滤料，一级（20 ~ 0.1 mm）宽6 m，二级（60 ~ 5 mm）宽4 m，上游侧设一级反滤料（60 ~ 0.1 mm）宽4 m。先砂后土法由于土料填筑有侧限，施工方便，工程较多采用。

先土后砂法。即先铺土料，后铺反滤料，齐平碾压。由于土料压实时，表面高于反滤料，土料的卸、铺、平、压都是在无侧限的条件下进行的，很容易形成超坡。采用羊脚碾压实时，要预留30 ~ 50 cm松土边，避免土料被羊脚碾插入反滤层内。当连续晴天时，土料上升较快，应注意防止土体干裂。

对于塑性斜墙坝施工，则宜待坝壳修筑到一定高程甚至达到设计高程后，再行填筑斜墙土料，以便使坝壳有较大的沉陷，避免因坝壳沉陷不均匀而造成斜墙裂缝现象。斜墙应留有余量（0.3 ~ 0.5 m），以便削坡，已筑好的斜墙应立即在其上游面铺好保护层防止干裂，保护层应随斜墙增高而增高，其相差高度为1 ~ 2 m。

（三）接缝处理

土石坝的防渗体要与地基、岸坡及周围其他建筑物的边界相接；由于施工导流、施工分期、分段分层填筑等要求，还必须设置纵向横向的接坡、接缝。这些结合部位是施工中的薄弱环节，质量控制应采取如下措施：

（1）土料与坝基结合面处理。一般用薄层轻碾的方法施工，不允许用重碾或重型夯，以免破坏基础，造成渗漏。黏性土地基：将表层土含水量调至施工含水量上限范围，用与防渗体土料相同的碾压参数压实，然后刨毛3 ~ 5 cm，再铺土压实。非黏性土地基：先洒水压实地基，再铺第一层土料，含水量为施工含水量的上限，采用轻型机械压实岩石地基。先把局部不平的岩石修理平整、清洗干净，封闭岩基表面节理、裂隙。若岩石面干燥可适当洒水，边涂刷浓泥浆、边铺土、边夯实。填土含水率大于最优含水率1%～3%，用轻型碾压实，适当降低干密度。待厚度为0.5～1.0 m时方可用选定的压实机具和碾压参数正常压实。

（2）土料与岸坡及混凝土建筑物结合面处理。填土前，先将结合面的污物冲洗干净，清除松动岩石，在结合面上洒水湿润，涂刷一层浓黏土浆，厚约5 mm，以提高固结强度，防止产生渗透，搭接处采用黏土，小型机具压实。防渗体与岸坡结合带碾压，搭接宽度不小于1 m，搭接范围内或边角处，不得使用羊脚碾等重型机械。

（3）坝身纵横接缝处理。土石坝施工中，坝体接坡具有高差较大，停歇时间长，要求坡身稳定的特点。一般情况下，土料填筑力争平起施工，斜墙、心墙不允许设纵向接缝。防渗体及均质坝的横向接坡不应陡于1∶3，高差不超过15 m。均质坝接坡宜采用斜坡和平台相间的形式，坡度和平台宽度应满足稳定要求，平台高差不大于15 m。接坡面可采用推土机自上而下削坡。坝体分层施工临时设置的接缝，通常控制在铺土厚度的1～2倍。接缝在不同的高程要错缝。渗体的铺筑作业应连续进行，如因故停工，表面必须洒水湿润，控制含水量。

第四节　面板堆石坝施工

一、坝体分区

堆石坝坝体应根据石料来源及对坝料的强度、渗透性、压缩性、施工方便和经济合理性等要求进行分区。在岩基上用硬岩堆石料填筑的坝体分区如图6-1所示，从上游到下游分为垫层区、过渡区、主堆石区、下游堆石区；在周边缝下游应设置特殊垫层区；设计中可结合枢纽建筑物开挖石料和近坝可用料源增加其他分区。我国天然砂砾石比较丰富，对碾压砂砾石坝体的材料分区如图6-2所示，并根据需要调整垫层区的水平宽度应由坝高、地形、施工工艺和经济性比较确定。当用汽车直接卸料，推土机推平方法施工时，垫层区不宜小于3 m，有专门的铺料设备时，垫层区宽度可减少，并相应增大过渡区的面积，主堆石区用硬岩时，到垫层区之间应设过渡区，为方便施工，其宽度不应小于3 m。

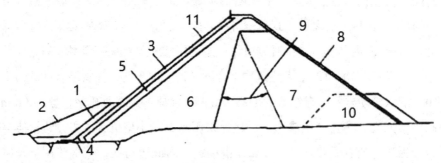

1-上游铺盖区；2-盖重区；3-垫层区；4-特殊垫层区；5-过渡区；6-主堆石区；7-下游堆石区；
8-下游护坡；9-可变动的主堆石区与下游堆石区界面，角度依坝料特性及坝高而定；
10-抛石区（或滤水坝趾区）；11-混凝土面板

图6-1　硬岩堆石料填筑的坝体主要分区示意图

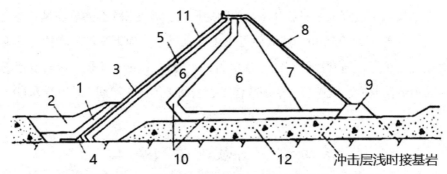

1-上游铺盖区；2-盖重区；3-垫层区；4-特殊垫层区；5-过渡区；
6-主堆石（砂砾石）区；7-下游堆石（砂砾石）区；8-下游护坡；
9-滤水坝趾区；10-排水区；11-混凝土面板；12-坝基冲积层

图6-2　砂砾石坝体材料主要分区示意图

二、坝体施工

（一）坝体填筑工艺

坝体填筑原则上应在坝基、两岸岸坡处理验收及相应部位的趾板混凝土浇筑完成后进行。由于施工工序及投入工程和机械设备较多，为提高工作效率，避免相互干扰，确保安全，坝料填筑作业应按流水作业法组织施工。坝体填筑的工艺流程为测量放样、卸料、摊铺、洒水、压实、质检。坝体填筑尽量做到平起、均衡上升。垫层料、过渡料区之间必须平起上升，垫层料、过渡料与主堆石料区之间的填筑面高差不得超过一层。各区填筑的层厚、碾压遍数及加水量等严格按碾压试验确定的施工参数执行。

堆石区的填筑料采用进占法填筑，卸料堆之间保留60 cm间隙，采用推土机平仓，超径石应尽量在料场解小。坝料填筑宜加水碾压，碾压时采用错距法顺坝轴线方向进行，低速行驶（1.5～2 km/h），碾压按坝料的分区分段进行，各碾压段之间的搭接不少于1.0 m。在岸坡边缘靠山坡处，大块石易集中，故岸坡周边选用石料粒径较小且级配良好的过渡料填筑，同时周边部位先于同层堆石料铺筑。碾压时滚筒尽量靠近岸坡，沿上下游方向行驶，仍碾压不到之处用手扶式小型振动碾或液压振动夯加强碾压。

垫层料、过渡料卸料铺料时，避免分离，两者交界处避免大石集中，超径石应予剔除。填筑时自卸汽车将料直接卸入工作面，后退法卸料，碾压时顺坝轴线行驶，用推土机推平，人工辅助平整，铺层厚度等按规定的施工参数执行。垫层料的铺填顺序必须先填筑主堆石区，再填过渡层区，最后填筑垫层区。

下游护坡宜与坝体填筑平起施工，护坡石宜选取大块石，机械整坡、堆码，或人工干砌，块石间嵌合要牢固。

（二）垫层区上游坡面施工

垫层区上游坡面传统施工方法：在垫层料填筑时，向上游侧超出设计边线30～40 cm，先分层碾压。填筑一定高度后，由反铲挖掘机削坡，并预留5～8 cm高出设计线，为了保证碾压质量和设计尺寸，需要反复进行斜坡碾压和修整，工作量很大。为保护新形成的坡面，常采用的形式有碾压水泥砂浆（珊溪坝）、喷乳化沥青（天生桥一级、洪家渡）、喷射混凝土（西北口坝）等。这种传统施工工艺技术成熟，易于掌握，但工序多，费工费时，坡面垫层料的填筑密实度难以保证。

混凝土挤压墙技术是混凝土面板坝上游坡面施工的新方法。1999年首先在巴西埃塔面板堆石坝建设中使用，我国从2001年开始研究，并在公伯峡水电站、甘肃西流水大坝、湖北芭蕉河鹤峰水电站等项目中相继应用。挤压边墙施工法是在每填筑一层垫层料前，用边墙挤压机制出一个半透水混凝土小墙，然后在其下游面按设计铺填坝料，用振动碾平面碾压，合格后再重复以上工序。

坡面整修、斜坡碾压等工序，施工简单易行，施工质量易于控制，降低劳动强度，避免垫层料的浪费，效率较高。挤压边墙技术在国内应用时间较短，施工工艺还有待进一步完善。黄河公伯峡面板堆石坝工程所使用的挤压机的施工速度为 40 ~ 60 m/h，平均速度为 44 m/h，挤压混凝土密实度为 2.0 ~ 2.2 t/m³。

（三）质量控制

1. 料场质量控制

在规定的料区范围内开采，料场的草皮、树根、覆盖层及风化层已清除干净；堆石料开采加工方法符合规定要求；堆石料级配、含泥量、物理力学性质符合设计要求，不合格料则不允许上坝。

2. 坝体填筑的质量控制

堆石材料、施工机械符合要求。负温下施工时，坝基已压实的砂砾石无冻结现象，填筑面上的冰雪已清除干净。坝面压实后，应对压实参数和孔隙率进行控制，以碾压参数为主。铺料厚度、压实遍数、加水量等应符合要求，铺料误差不宜超过层厚的 10%，坝面保持平整。堆石坝体压实参数须经压实试验确定，振动碾的压实参数可参考表 6-8。

表 6-8　振动碾的压实参数

土石料类型	碾重（t）	铺料厚度（m）	碾压遍数	备注
砂砾料	13.5	1.2 ~ 1.6	4 ~ 6	
风化料	13.5	1.0 ~ 1.5	4 ~ 6	
石渣料	13.5	1.0 ~ 1.5	4	
堆石料	13.5	1.0 ~ 1.5	4 ~ 6	堆石最大粒径应比铺料层厚小 10 ~ 20 cm
	10.0	0.6 ~ 0.8	4 ~ 6	

垫层料、过渡料和堆石料压实干密度的检测方法，宜采用挖坑灌水法，或辅以表面波压实密度仪法。施工中可用压实计实施控制，垫层料可用核子密度计法。垫层料试坑直径应不小于最大粒径的 4 倍，过渡料试坑直径应为最大粒径的 3 ~ 4 倍，堆石料试坑直径为最大粒径的 2 ~ 3 倍，试坑直径最大不超过 2 m。以上三种料的试坑深度均为碾实层厚度。坝料压实检查项目和取样次数见表 6-9。

此外填筑质量检测还可采用K30法，即直接检测填筑土的力学性质参数K30。将K30法用于坝体填筑质量检测，可以减少挖坑取样的数量，快捷、准确地进行坝体填筑质量的检测。在公伯峡面板堆石坝施工中开展了对K30法的试验研究。

表6-9 坝料压实检查项目和取样次数

坝料		检查项目	检查次数
垫层料	坝面	干密度、颗粒级配	1次/（500～1000 m³）每层至少1次
		渗透系数	次数不定
	上游坡面	干密度、颗粒级配	1次/（1500～3000 m³）
	小区	干密度、颗粒级配	每1～3层1次
过渡料		干密度、颗粒级配	1次/（3000～6000 m³）

三、钢筋混凝土面板分块和浇筑

（一）钢筋混凝土面板的分块

混凝土防渗面板包括趾板（面板底座）和面板两部分。防渗面板应满足强度、抗渗、抗侵蚀、抗冻要求。趾板设伸缩缝，面板设垂直伸缩缝、周边伸缩缝等永久缝和临时水平施工缝。垂直伸缩缝从底到顶布置，中部受压区，分缝间距一般为12～18 m，两侧受拉区按6～9 m布置。受拉区设两道止水，受压区在底侧设一道止水，水平施工缝不设止水，但竖向钢筋必须相连。

（二）防渗面板混凝土浇筑与质量

面板施工在趾板施工完毕后进行。面板一般采用滑模施工，由下而上连续浇筑。面板浇筑可以一期进行，也可以分期进行，须根据坝高、施工总计划而定。对于中低坝，面板宜一期浇筑；对于高坝，面板可一期或分期施工。为便于流水作业，提高施工强度，面板混凝土均采用跳仓施工。当坝高不大于70 m时，面板在堆石体填筑全部结束后施工，这主要考虑避免堆石体沉陷和位移对面板产生的不利影响。高于70 m的堆石坝，应考虑须拦洪度汛，提前蓄水，面板宜分二期或三期浇筑，分期接缝应按施工缝处理。面板钢筋采用现场绑扎或焊接，也可用预制网片现场拼接。混凝土浇筑中，布料要均匀，每层铺料250～300 cm。止水片周围须人工布料，防止分离。振捣混凝土时，要垂直插入，至下层混凝土内5 cm，止水片周围用小振捣器仔细振捣。振动过程中，防止振捣器触及滑模、钢筋、止水片。脱模后的混凝土要及时修整和压面。

四、沥青混凝土面板施工

沥青混凝土由于抗渗性好，适应变形能力强，工程量小，施工速度快，正在广泛用于土石坝的防渗体中。

表6-10　沥青混凝土面板施工

项目	质量要求	检查方法
混凝土表面	表面基本平整，局部不超过设计线3 cm，无麻面、蜂窝、露筋	测量观察
表面裂缝	无或有小裂缝已处理	观察测量
深层及贯穿裂缝	无或有已按要求处理	观察检测
抗压强度	保证率不小于80%	试验
均匀性	离差系数 Cv 小于 0.18	统计分析
抗冻性	符合设计要求	试验
抗渗性	符合设计要求	试验

沥青混凝土面板所用沥青主要根据工程地点的气候条件选择，我国目前多采用道路沥青。粗骨料选用碱性碎石，其最大粒径一般为15 ~ 25 mm；细骨料可选碱性岩石加工的人工砂、天然砂或两者的混合。骨料要求坚硬、洁净、耐久，按满足5d以上施工需要量储存。

填料种类有石棉、消石灰、水泥、橡胶、塑料等，其掺量由试验确定。

沥青混凝土面板一般采用碾压法施工，工艺流程如图6-3所示。施工中对温度要严加控制，其标准根据材料性质、施工地区和施工季节，由试验确定。在日平均气温高于5℃和日降雨量小于5 mm时方可施工，日气温虽然在5 ~ 15℃，但风速大于4级也不能施工。

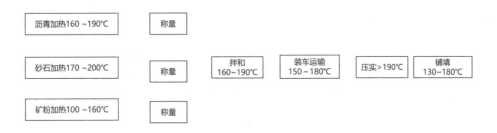

图6-3　沥青混凝土面板施工工艺流程

　　沥青混凝土面板施工是在坡面上进行的，施工难度较大，所以尽量采用机械化流水作业。首先进行修整和压实坡面，然后铺设垫层，垫层料应分层压实，并对坡面进行修整，使坡度、平整度和密实度等符合设计要求，在垫层面上喷涂一层乳化沥青或稀释沥青。沥青混凝土面板多采用一级铺筑。当坝坡较长或因拦洪度汛需要设置临时断面时，可采用二级或二级以上铺筑。一级斜坡长度铺筑通常为120～150 m，当采用多级铺筑时，临时断面应根据牵引设计的布置及运输车辆交通的要求，一般不小于15 m。沥青混合料的铺筑方向多采用沿最大坡度方向分成若干条幅，自下而上依次铺筑。防渗层一般采用多层铺筑，各区段条幅宽度间上下层接缝必须相互错开，水平接缝的错距应大于1 m，顺坡纵缝的错距一般为条幅宽度的1/3～2/3。先用小型振动碾进行初压，再用大型振动碾二次碾压，上行振压，下行静压。施工接缝及碾压带间，应重叠碾压10～15 cm。压实温度应高于110℃。二次碾压温度应高于80℃。防渗层的施工缝是面板的薄弱环节，尽量加大条幅摊铺宽度和长度，减少纵向和横向施工缝。防渗层的施工缝以采用斜面平接为宜，斜面坡度一般为45°。整平胶结层的施工缝可不做处理。但上下层的层面必须干燥，间隔不超过48h。防渗层层间应喷涂一薄层稀沥青或热沥青，用喷洒法施工或橡胶刮板涂刷。

第七章　水利水电工程施工安全管理

第一节　水利工程安全管理的概述

一、安全管理概念

安全生产是指生产过程处于避免人身伤害、设备损坏及其他不可接受的损害风险（危险）的状态。不可接受的损害风险（危险）是指，超出了法律、法规和规章的要求，超出了方针、目标和企业规定的其他要求，超出了人们普遍接受的要求。

（一）建筑工程安全生产管理的特点

1.安全生产管理涉及面广、涉及单位多

由于建筑工程规模大，生产工艺复杂、工序多，在建造过程中流动作业多、高处作业多，作业位置多变，遇到不确定因素多，所以安全管理工作涉及范围大，控制面广。安全管理不仅是施工单位的责任，还包括建设单位、勘察设计单位、监理单位，这些单位也要为安全管理承担相应的责任和义务。

2.安全生产管理动态性

（1）由于建筑工程项目的单件性，使得每项工程所处的条件不同，所面临的危险因素和防范也会有所改变。

（2）工程项目的分散性。施工人员在施工过程中，分散于施工现场的各个部位，当他们面对各种具体的生产问题时，一般依靠自己的经验和知识进行判断并做出决定，从而增加了施工过程中由不安全行为而导致事故的风险。

3.安全生产管理的交叉性

建筑工程项目是开放系统，受自然环境和社会环境影响很大，安全生产管理需要把工程系统和环境系统及社会系统相结合。

4.安全生产管理的严谨性

安全状态具有触发性，安全管理措施必须严谨，一旦失控，就会造成损失和伤害。

（二）建筑工程安全生产管理的方针

"安全第一"是建筑工程安全生产管理的原则和目标，"预防为主"是实现安全第一的最重要手段。

（三）建筑工程安全管理的原则

1."管生产必须管安全"的原则

一切从事生产、经营的单位和管理部门都必须管安全，全面开展安全工作。

2."安全具有否决权"的原则

安全管理工作是衡量企业经营管理工作好坏的一项基本内容，在对企业进行各项指标考核时，必须首先考虑安全指标的完成情况。安全生产指标具有一票否决的作用。

3.职业安全卫生"三同时"的原则

"三同时"指建筑工程项目其劳动安全卫生设施必须符合国家规范规定的标准，必须与主体工程同时设计、同时施工、同时投入生产和使用。

（四）建筑工程安全生产管理有关法律、法规与标准、规范

1.法治是强化安全管理的重要内容

法律是上层建筑的组成部分，为其赖以建立的经济基础服务。

2.事故处理"四不放过"的原则

（1）事故原因分析不清不放过。

（2）事故责任者和群众没有受到教育不放过。

（3）没有采取防范措施不放过.

（4）事故责任者没有受到处理不放过。

（五）安全生产管理体制

当前我国的安全生产管理体制是企业负责、行业管理、国家监察和群众监督、劳动者遵章守法。

（六）安全生产责任制度

安全生产责任制度是建筑生产中最基本的安全管理制度，是所有安全规章制度的核心。安全生产责任制度是指将各种不同的安全责任落实到具体安全管理的人员和具体岗位人员身上的一种制度。这一制度是安全第一、预防为主的具体体现，是建筑安全生产的基本制度。

（七）安全生产目标管理

安全生产目标管理就是根据建筑施工企业的总体规划要求，制定出在一定时期内安全生产方面所要达到的预期目标并组织实现此目标。其基本内容是确定目标、目标分解、执行目标和检查总结。

（八）施工组织设计

施工组织设计是组织建设工程施工的纲领性文件，是指导施工准备和组织施工的全面性的技术、经济文件，是指导现场施工的规范性文件。施工组织设计必须在施工准备阶段完成。

（九）安全技术措施

安全技术措施是指为防止工伤事故和职业病的危害，从技术上采取的措施。在工程施工中，是指针对工程特点、环境条件、劳力组织、作业方法、施工机械、供电设施等制定的确保安全施工的措施。

安全技术措施也是建设工程项目管理实施规划或施工组织设计的重要组成部分。

（十）安全技术交底

安全技术交底是落实安全技术措施及安全管理事项的重要手段之一。重大安全技术措施及重要部位的安全技术由公司负责人向项目经理部技术负责人进行书面的安全技术交底；一般安全技术措施及施工现场应注意的安全事项由项目经理部技术负责人向施工作业班组、作业人员做出详细说明，并经双方签字认可。

（十一）安全教育

安全教育是实现安全生产的一项重要基础工作，它可以提高职工搞好安全生产的自觉性、积极性和创造性，增强安全意识，掌握安全知识，提高职工的自我防护能力，使安全规章制度得到贯彻执行。安全教育培训的主要内容有安全生产思想、安全知识、安全技能、安全操作规程标准、安全法规、劳动保护和典型事例。

（十二）班组安全活动

班组安全活动是指在上班前由班组长组织并主持，根据本班目前工作内容，重点介绍安全注意事项、安全操作要点，以达到组员在班前掌握安全操作要领，提高安全防范意识，减少事故发生的活动。

（十三）特种作业

特种作业是指在劳动过程中容易发生伤亡事故，对操作者本人，尤其对他人和周围设施的安全有重大危害因素的作业。直接从事特种作业者，称特种作业人员。

（十四）安全检查

安全检查是指建设行政主管部门、施工企业安全生产管理部门或项目经理，对施工企业和工程项目经理部贯彻国家安全生产法律及法规的情况、安全生产情况、劳动条件、事故隐患等进行的检查。

（十五）安全事故

安全事故是人们在进行有目的的活动中，发生了违背人们意愿的不幸事件，使其有目的的行动暂时或永久的停止。重大安全事故，是指在施工过程中由责任过失造成工程倒塌或废弃、由机械设备破坏和安全设施失当造成人身伤亡或者重大经济损失的事故。

（十六）安全评价

安全评价是采用系统科学方法，辨别和分析系统存在的危险性并根据其形成事故的风险大小，采取相应的安全措施，以达到系统安全的过程。安全评价的基本内容有识别危险源、评价风险、采取措施，直到达到安全目标。

（十七）安全标志

安全标志由安全色、几何图形符号构成，以此表达特定的安全信息。其目的是引起人们对不安全因素的注意，预防事故的发生。安全标志分为禁止标志、警告标志、指令标志、提示性标志四类。

二、工程施工特点

建筑业的生产活动危险性大，不安全因素多，是事故多发行业。建筑施工的特点主要如下：

第一，工程建设最大的特点就是产品固定这是它不同于其他行业的根本点，建筑产品是固定的，体积大、生产周期长。建筑物一旦施工完毕就固定了，生产活动都是围绕着建筑物、构筑物来进行的，有限的场地上集中了大量的人员、建筑材料、设备零部件和施工机具等，这样的情况可以持续几个月或一年，有的甚至需要七八年，工程才能完成。

第二，高处作业多，工人常年在室外操作。一栋建筑物从基础、主体结构到屋面工程、室外装修等，露天作业约占整个工程的70%。现在的建筑物一般都在7层以上，绝大部分工人都在十几米或几十米的高处从事露天作业。工作条件差，且受到气候条件多变的影响。

第三，手工操作多，繁重的劳动消耗大量体力。建筑业是劳动密集型的传统行业之一，大多数工种需要手工操作。近几年来，墙体材料有了改革，出现了大模、滑模、大板等施工工艺，但就全国来看，绝大多数墙体仍然是使用黏土砖、水泥空心砖和小砌块砌筑。

第四，现场变化大。每栋建筑物从基础、主体到装修，每道工序都不同，不安全因素也就不同，即使同一工序由于施工工艺和施工方法不同，生产过程也不同。而随着工程进度的推进，施工现场的施工状况和不安全因素也随之变化。为了完成施工任务，要采取很多临时性措施。

第五，近年来，建筑任务已由以工业为主向以民用建筑为主转变，建筑物由低层向高层发展，施工现场由较为宽阔的场地向狭窄的场地变化。施工现场的吊装工作量增多，垂直运输的办法也多了，多采用龙门架（或井字架）、高大旋转塔吊等。随着流水施工技术和网络施工技术的运用，交叉作业也随之大量增加，木工机械如电平刨、电锯普遍使用。因施工条件变化，伤亡类别增多。过去是"钉子扎脚"等小事故较多，现在则是机械伤害、高处坠落、触电等事故较多。

建筑施工复杂，加上流动分散、工期不固定，比较容易形成临时观念，不采取可靠的安全防护措施，存在侥幸心理，伤亡事故必然频繁发生。

三、施工安全因素

（一）安全因素特点

安全是在人类生产过程中，将系统的运行状态对人类的生命、财产、环境可能产生的损害控制在人类能接受水平以下的状态。安全因素的定义就是在某一指定范围内与安全有关的因素。水利水电工程施工安全因素有以下特点：

1.安全因素的确定取决于所选的分析范围，此处分析范围可以指整个工程，也可以针对具体工程的某一施工过程或者某一部分的施工，例如围堰施工、升船机施工等。

2.安全因素的辨识依赖于对施工内容的了解，对工程危险源的分析及运作安全风险评价的人员的安全工作经验。

3.安全因素具有针对性，并不是对于整个系统事无巨细的考虑，安全因素的选取具有一定的代表性和概括性。

4.安全因素具有灵活性，只要能对所分析的内容具有一定概括性，能达到系统分析的效果的，都可成为安全因素。

5.安全因素是进行安全风险评价的关键点，是构成评价系统框架的节点。

（二）安全因素辨识过程

安全因素是进行风险评价的基础，人们在辨识出的安全因素的基础上，进行风险评价框架的构建。在进行水利水电工程施工安全因素的辨识，首先对工程施工内容和施工危险源进行分析和了解，在危险源的认知基础上，以整个工程为分析范围，从管理、施工人员、材料、危险控制等各个方面结合以往的安全分析危险，进行安全因素的辨识。

宏观安全因素辨识工作需要收集以下资料：

1.工程所在区域状况

（1）本地区有无地震、洪水、浓雾、暴雨、雪害、龙卷风及特殊低温等自然灾害。

（2）工程施工期间如发生火药爆炸、油库火灾爆炸等对邻近地区有何影响。

（3）工程施工过程中如发生大范围滑坡、塌方及其他意外情况对行船、导流、行车等有无影响。

（4）附近有无易燃、易爆、毒物泄漏的危险源，对本区域的影响如何？是否存在其他类型的危险源。

（5）工程过程中排土、排渣是否会形成公害或对本工程及友邻工程进行产生不良影响。

（6）公用设施如供水、供电等是否充足，重要设施有无备用电源。

（7）本地区消防设备和人员是否充足。

（8）本地区医院、救护车及救护人员等配置是否适当，有无现场紧急抢救措施。

2.安全管理情况

（1）安全机构、安全人员设置满足安全生产要求与否。

（2）怎样进行安全管理的计划、组织协调、检查、控制工作。

（3）对施工队伍中各类用工人员是否实行了安全一体化管理。

（4）有无安全考评及奖罚方面的措施。

（5）如何进行事故处理，同类事故发生情况如何。

（6）隐患整改如何。

（7）是否制订有切实有效且操作性强的防灾计划，领导是否经常过问，关键性设备、设施是否定期进行试验、维护。

（8）整个施工过程是否制定完善的操作规程和岗位责任制，实施状况如何。

（9）程序性强的作业（如起吊作业）及关键性作业（如停送电、放炮）是否实行标准化作业。

（10）是否进行在线安全训练，职工是否掌握必备的安全抢救常识和紧急避险、互救知识。

3.施工措施安全情况

（1）是否设置了明显的工程界限标识。

（2）有可能发生塌陷、滑坡、爆破飞石、吊物坠落等危险场所是否标定合适的安全范围并设有警示标志或信号。

（3）友邻工程施工中在安全上相互影响的问题是如何解决的。

（4）特殊危险作业是否规定了严格的安全措施，能强制实施否。

（5）可能发生车辆伤害的路段是否设有合适的安全标志。

（6）作业场所的通道是否良好，是否有滑倒、摔伤的危险。

（7）所有用电设施是否按要求接地、接零，人员可能触及的带电部位是否采取有效的保护措施。

（8）可能遭受雷击的场所是否采取了必要的防雷措施。

（9）作业场所的照明、噪声、有毒有害气体浓度是否符合安全要求。

（10）所使用的设备、设施、工具、附件、材料是否具有危险性，是否定期进行检查确认，有无检查记录。

（11）作业场所是否存在冒顶片帮或坠井、掩埋的危险性，曾经采取了何等措施。

（12）登高作业是否采取了必要的安全措施（可靠的跳板、护栏、安全带等）。

（13）防、排水设施是否符合安全要求。

（14）劳动防护用品适应作业要求之情况，发放数量、质量、更换周期满足要求与否。

4.油库、炸药库等易燃、易爆危险品

（1）危险品名称、数量、设计量大存放量。

（2）危险品化学性质及其燃点、闪点、爆炸极限、毒性、腐蚀性等了解与否。

（3）危险品存放方式（是否根据其用途及特性分开存放）。

（4）危险品与其他设备、设施等之间的距离、爆破器材分放点之间是否有殉爆的可能性。

（5）存放场所的照明及电气设施的防爆、防雷、防静电情况。

（6）存放场所的防火设施是否配置消防通道，有无烟、火自动检测报警装置。

（7）存放危险品的场所是否有专人24小时值班，有无具体岗位责任制和危险品管理制度。

（8）危险品的运输、装卸、领用、加工、检验、销毁是否严格按照规定进行。

（9）危险品运输、管理人员是否掌握火灾、爆炸等危险状况下的避险、自救、互救的知识，是否定期进行必要的训练。

5.起重运输大型作业机械情况

（1）运输线路里程、路面结构、平交路口、防滑措施等情况如何。

（2）指挥、信号系统情况如何，信息通道是否存在干扰。

（3）人-机系统匹配有何问题。

（4）设备检查、维护制度和执行情况如何，是否实行各层次的检查，周期多长，是否实行定期计划维修，周期多长。

（5）司机是否经过作业适应性检查。

（6）过去事故情况如何。

以上这些因素均是进行施工安全风险因素识别时需要考虑的主要因素。实际工程中须考虑的因素可能比上述因素还要多。

（三）施工过程行为因素

采用HFACS框架对导致工程施工事故发生的行为因素进行分析。对标准的HFACS框架进行修订，以适应水电工程施工实际的安全管理、施工作业技术措施、人员素质等状况。框架的修改应遵循四个原则：

第一，删除在事故案例分析中出现频率极少的因素，包括对工程施工影响较小和难以在事故案例中找到的潜在因素。

第二，对相似的因素进行合并，避免重复统计，从而无形之中提高类似因素在整个工程施工当中的重要性。

第三，针对水电工程施工的特点，对因素的定义、因素的解释和其涵盖的具体内容进行适当的调整。

第四，HFACS框架将部分因素的名称加以修改，以更贴切我国工程施工安全管理业务的习惯用语。

对标准HFACS框架修改如下：

1.企业组织影响

企业（包括水电开发企业、施工承包单位、监理单位）组织层的差错属于最高级别的差错，它的影响通常是间接、隐性的，因而常会被安全管理人员所忽视。在进行事故分析时，很难挖掘起企业组织层的缺陷；而一经发现，其改正的代价也很高，但是却更能加强系统的安全。一般而言，组织影响包括三个方面。

（1）资源管理

主要指组织资源分配及维护决策存在的问题，如安全组织体系不完善、安全管理人员配备不足、资金设施等管理不当、过度削减与安全相关的经费（安全投入不足）等。

（2）安全文化与氛围

可以定义为影响管理人员与作业人员绩效的多种变量，包括组织文化和政策，比如信息流通传递不畅、企业政策不公平、只奖不罚或滥奖、过于强调惩罚等都属于不良的文化与氛围。

（3）组织流程

主要涉及组织经营过程中的行政决定和流程安排，如施工组织设计不完善、企业安全管理程序存在缺陷、制定的某些规章制度及标准不完善等。

其中，"安全文化与氛围"这一因素，虽然在提高安全绩效方面具有积极作用，但不好定性衡量，在事故案例报告中也未明确的指明，而且在工程施工各类人员成分复杂的结构当中，其传播较难有一个清晰的脉络。为了简化分析过程，将该因素去除。

2.安全监管

（1）监督（培训）不充分

指监督者或组织者没有提供专业的指导、培训、监督等。若组织者没有提供充足的CRM培训，或某个管理人员、作业人员没有这样的培训机会，则班组协同合作能力将会大受影响，出现差错的概率必然增加。

（2）作业计划不适当

包括这样几种情况，班组人员配备不当，如没有职工带班，没有提供足够的休息时间，任务或工作负荷过量。整个班组的施工节奏及作业安排由于赶工期等原因安排不当，会使得作业风险加大。

（3）隐患未整改

指的是管理者知道人员、培训、施工设施、环境等相关安全领域的不足或隐患之后，仍然允许其持续下去的情况。

（4）管理违规

指的是管理者或监督者有意违反现有的规章程序或安全操作规程，如允许没有资格、未取得相关特种作业证的人员作业等。

以上四项因素在事故案例报告中均有体现，虽然相互之间有关联，但各有差异，彼此独立，因此均加以保留。

3.不安全行为的前提条件

这一层级指出了直接导致不安全行为发生的主客观条件，包括作业人员状态、环境因素和人员因素。将"物理环境"改为"作业环境"，"施工人员资源管理"改为"班组管理"，"人员准备情况"改为"人员素质"。定义如下：

（1）作业环境

既指操作环境（如气象、高度、地形等），也指施工人员周围的环境，如作业部位的高温、振动、照明、有害气体等。

（2）技术措施

包括安全防护措施、安全设备和设施设计、安全技术交底的情况，以及作业程序指导书与施工安全技术方案等一系列情况。

（3）班组管理

属于人员因素，常为许多不安全行为的产生创造前提条件。未认真开展"班前会"及搞好"预知危险活动"；在施工作业过程中，安全管理人员、技术人员、施工人员等相互间信息沟通不畅、缺乏团队合作等问题属于班组管理不良。

（4）人员素质

包括体力（精力）差、不良心理状态与不良生理状态等生理心理素质，如精神疲劳，失去情境意识，工作中自满、安全警惕性差等属于不良心理状态；生病、身体疲劳或服用药物等引起生理状态差，当操作要求超出个人能力范围时会出现身体、智力局限，同时为安全埋下隐患，如视觉局限、休息时间不足、体能不适应等；没有遵守施工人员的休息要求、培训不足、滥用药物等属于个人准备情况的不足。

将标准HFACS的"体力（精力）限制""不良心理状态"与"不良生理状态"合并，是因为这三者可能互相影响和转换。"体力（精力）限制"可能会导致"不良心理状态"与"不良生理状态"，此处便产生了重复，增加了心理和生理状态在所有因素当中的比重。同时，"不良心理状态"与"不良生理状态"之间也可能相互转化，由于心理状态的失调往往会带来生理上的伤害，而生理上的疲劳等因素又会引起心理状态的变化，两者相辅相成，常常是共同存在的。此外，没有充分的休息、滥用药物、生病、心理障碍也可以归结为人员准备不足，因此，将"体力（精力）限制""不良心理状态"与"不良生理状态"合并至"人员素质"。

4.施工人员的不安全行为

人的不安全行为是系统存在问题的直接表现。将这种不安全行为分成三类：知觉与决策差错、技能差错，以及操作违规。

（1）知觉与决策差错

"知觉差错"和"决策差错"通常是并发的，由于对外界条件、环境因素及施工器械状况等现场因素感知上产生的失误，进而导致做出错误的决定。决策差错指由经验不足、缺乏训练或外界压力等造成，也可能理解问题不彻底，如紧急情况判断错误、决策失败等。知觉差错指一个人的感知觉和实际情况不一致，可能是由于工作场所光线不足，或在不利地质、气象条件下作业等。

（2）技能差错

包括漏掉程序步骤、作业技术差、作业时注意力分配不当等。不依赖于所处的环境，而是由施工人员的培训水平决定，而在操作当中不可避免地发生，因此应该作为独立的因素保留。

（3）操作违规

故意或者主观不遵守确保安全作业的规章制度，分为习惯性的违章和偶然性的违规。前者是组织或管理人员常常能容忍和默许的，常造成施工人员习惯成自然。而后者偏离规章或施工人员通常的行为模式，一般会被立即禁止。

经过修订的新框架，根据工程施工的特点重新选择了因素。在实际的工程施工事故分析及制定事故防范与整改措施的过程中，通常会成立事故调查组对某一类原因，比如施工人员的不安全行为进行调查，给出处理意见及建议。应用HFACS框架的目的之一是尽快找到并确定在工程施工中，所有已经发生的事故当中，哪一类因素占相对重要的部分，可以集中人力和物力资源对该因素所反映的问题进行整改。对于类似的或者可以归为一类的因素整体考虑，科学决策，将结果反馈给整改单位，由他们完成相关一系列后续工作。因此，修订后的HFACS框架通过对标准框架因素的调整，加强了独立性和概括性，使得其能更合理地反映水电工程施工的实际状况。

四、安全管理体系

（一）安全管理体系内容

1.建立健全安全生产责任制

安全生产责任制是安全管理的核心，是保障安全生产的重要手段，它能有效地预防事故的发生。

安全生产责任制是根据管生产必须管安全，安全生产人人有责的原则。明确各级领导和各职能部门及各类人员在生产活动中应负的安全职责的制度。有些安全生产责任制，就能把安全与生产从组织形式上统一起来，把"管生产必须管安全"的原则从制度上固定下来，从而增强了各级管理人员的安全责任心，使安全管理纵向到底、横向到边、专管成线、群管成网、责任明确、协调配合、共同努力，真正把安全生产工作落到实处。

2.制定安全教育制度

安全教育制度是企业对职工进行安全法律、法规、规范、标准、安全知识和操作规程培训教育的制度，是提高职工安全意识的重要手段，是企业安全管理的一项重要内容。

安全教育制度内容应规定：定期和不定期安全教育的时间、应受教育的人员、教育的内容和形式，如新工人、外施队人员等进场前必须接受三级（公司、项目、班组）安全教育。从事危险性较大的特殊工种的人员必须经过专门的培训机构培训合格后持证上岗，每年还必须进行一次安全操作规程的训练和再教育。对采用新工艺、新设备、新技术和变换工种的人员应进行安全操作规程和安全知识的培训和教育。

3.制定安全检查制度

安全检查是发现隐患、消除隐患、防止事故、改善劳动条件和环境的重要措施，是企业预防安全生产事故的一项重要手段。

安全检查制度内容应规定：安全检查负责人、检查时间、检查内容和检查方式。它包括经常性的检查、专业化的检查、季节性的检查和专项性的检查，以及群众性的检查等。对于检查出的隐患应进行登记，并采取定人、定时间、定措施的"三定"办法给予解决，同时对整改情况进行复查验收，彻底消除隐患。

4.制定各工种安全操作规程

工种安全操作规程是消除和控制劳动过程中的不安全行为，预防伤亡事故，确保作业人员的安全和健康的需要的措施，也是企业安全管理的重要制度之一。

安全操作规程的内容应根据国家和行业安全生产法律、法规、标准、规范，结合施工现场的实际情况制定出各种安全操作规程。同时根据现场使用的新工艺、新设备、新技术，制定出相应的安全操作规程，并监督其实施。

5.制定安全生产奖罚办法

企业制定安全生产奖罚办法的目的是不断提高劳动者进行安全生产的自觉性，调动劳动者的积极性和创造性，防止和纠正违反法律、法规和劳动纪律的行为，也是企业安全管理重要制度之一。

安全生产奖罚办法规定奖罚的目的、条件、种类、数额、实施程序等。企业只有建立安全生产奖罚办法，做到有奖有罚、奖罚分明，才能鼓励先进、督促落后。

6.制定施工现场安全管理规定

施工现场安全管理规定是施工现场安全管理制度的基础，目的是规范施工现场安全防护设施的标准化、定型化。

施工现场安全管理规定的内容包括：施工现场一般安全规定、安全技术管理、脚手架工程安全管理（包括特殊脚手架、工具式脚手架等）、电梯井操作平台安全管理、马路搭设安全管理、大模板拆装存放安全管理、水平安全网、井字架龙门架安全管理、孔洞临边防护安全管理、拆除工程安全管理等。

7.制定机械设备安全管理制度

机械设备是指目前建筑施工普遍使用的垂直运输和加工机具，由于机械设备本身存在一定的危险性。管理不当就可能造成机毁人亡。所以它是目前施工安全管理的重点对象。

机械设备安全管理制度应规定，大型设备应到上级有关部门备案，符合国家和行业有关规定，还应设专人负责定期进行安全检查、保养，保证机械设备处于良好的状态，以及各种机械设备的安全管理制度。

8.制定施工现场临时用电安全管理制度

施工现场临时用电是目前建筑施工现场离不开的一项操作，由于其使用广泛、危险性比较大，因此它牵涉到每个劳动者的安全，也是施工现场一项重要的安全管理制度。

施工现场临时用电管理制度的内容应包括：外电的防护、地下电缆的保护、设备的接地与接零保护、配电箱的设置及安全管理规定（总箱、分箱、开关箱）、现场照明、配电线路、电器装置、变配电装置、用电档案的管理等。

9.制定劳动防护用品管理制度

使用劳动防护用品，是为了减轻或避免劳动过程中劳动者受到的伤害和职业危害，保护劳动者安全健康的一项预防性辅助措施，是安全生产防止职业性伤害的需要，对于减少职业危害起着相当重要的作用。

劳动防护用品制度的内容应包括：安全网、安全帽、安全带、绝缘用品、防职业病用品等。

（二）建立健全安全组织机构

施工企业一般都有安全组织机构，但必须建立健全项目安全组织机构，确定安全生产目标，明确参与各方对安全管理的具体分工，安全岗位责任与经济利益挂钩，根据项目的性质规模不同，采用不同的安全管理模式。对于大型项目，必须安排专门的安全总负责人，并配以合理的班子，共同进行安全管理，建立安全生产管理的资料档案。实行单位领导对整个施工现场负责，专职安全员对部位负责，班组长和施工技术员对各自的施工区域负责，操作者对自己的工作范围负责的"四负责"制度。

（三）安全管理体系建立步骤

1.领导决策

最高管理者亲自决策，以便获得各方面的支持和在体系建立过程中所需的资源保证。

2.成立工作组

最高管理者或授权管理者代表成立的工作小组负责建立安全管理体系。工作小组的成员要覆盖组织的主要职能部门，组长最好由管理者代表担任，以保证小组对人力、资金、信息的获取。

3.人员培训

培训的目的是使有关人员了解建立安全管理体系的重要性，了解标准的主要思想和内容。

4.初始状态评审

初始状态评审要对组织过去和现在的安全信息、状态进行收集、调查分析、识别和获取现有的、适用的法律、法规和其他要求，进行危险源辨识和风险评价，评审的结果将作为制定安全方针、管理方案、编制体系文件的基础。

5.制定方针、目标、指标的管理方案

方针是组织对其安全行为的原则和意图的声明，也是组织自觉承担其责任和义务的承诺。方针不仅为组织确定了总的指导方向和行动准则，而是评价一切后续活动的依据，并为更加具体的目标和指标提供一个框架。

安全目标、指标的制定是组织为了实现其在安全方针中所体现出的管理理念及其对整体绩效的期许与原则，与企业的总目标相一致。

管理方案是实现目标、指标的行动方案。为保证安全管理体系的实现，须结合年度管理目标和企业客观实际情况，策划制订安全管理方案。该方案应明确旨在实现目标、指标的相关部门的职责、方法、时间表和资源的要求。

第二节　施工安全控制与安全应急预案

一、施工安全控制

（一）安全操作要求

1.爆破作业

（1）爆破器材的运输

气温低于10℃运输易冻的硝化甘油炸药时，应采取防冻措施；气温低于-15℃运输硝化甘油炸药时，也应采取防冻措施；禁止用翻斗车、自卸汽车、拖车、机动三轮车、人力三轮车、摩托车和自行车等运输爆破器材；运输炸药雷管时，装车高度要低于车厢10 cm。车厢、船底应加软垫。雷管箱不许倒放或立放，层间也应垫软垫；水路运输爆破器材，停泊地点距岸上建筑物不得小于250 m；汽车运输爆破器材，汽车的排气管宜设在车前下侧，并应设置防火罩装置；汽车在视线良好的情况下行驶时，时速不得超过20 km（工区内不得超过15 km）；在弯多坡陡、路面狭窄的山区行驶，时速应保持在5 km以内。平坦道路行车间距应大于50 m，上下坡应大于300 m。

（2）爆破

明挖爆破音响依次发出预告信号（现场停止作业，人员迅速撤离）、准备信号、起爆信号、解除信号。检查人员确认安全后，由爆破作业负责人通知警报室发出解除信号。在特殊情况下，如准备工作尚未结束，应由爆破负责人通知警报室延后发布起爆信号，并用广播器通知现场全体人员。装药和堵塞应使用木、竹制作的炮棍。严禁使用金属棍棒装填。

深孔、竖井、倾角大于30°的斜井、有瓦斯和粉尘爆炸危险等工作面的爆破，禁止采用火花起爆；炮孔的排距较密时，导火索的外露部分不得超过1.0 m，以防止导火索互相交错而起火；一人连续单个点火的火炮，暗挖不得超过5个，明挖不得超过10个；并应在爆破负责人指挥下，做好分工及撤离工作；当信号炮响后，全部人员应立即撤出炮区，迅速到安全地点掩蔽；点燃导火索应使用专用点火工具，禁止使用火柴和打火机等。

用导爆管起爆时，应有设计起爆网络，并进行传爆试验；网络中所使用的连接元件应经过检验合格；禁止导爆管打结，禁止在药包上缠绕；网络的连接处应牢固，两元件应相距2 m；敷设后应严加保护，防止冲击或损坏；一个8号雷管起爆导爆管的数量不宜超过40根，层数不宜超过3层，只有确认网络连接正确，与爆破无关人员已经撤离，才准许接入引爆装置。

2.起重作业

钢丝绳的安全系数应符合有关规定。根据起重机的额定负荷，计算好每台起重机的吊点位置，最好采用平衡梁抬吊。每台起重机所分配的荷重不得超过其额定负荷的75% ~ 80%。应有专人统一指挥，指挥者应站在两台起重机司机都能看到的位置。重物应保持水平，钢丝绳应保持铅直受力均衡。具备经有关部门批准的安全技术措施。起吊重物离地面10 cm时，应停机检查绳扣、吊具和吊车的刹车可靠性，仔细观察周围有无障碍物。确认无问题后，方可继续起吊。

3.脚手架拆除作业

拆脚手架前，必须将电气设备和其他管、线、机械设备等拆除或加以保护。拆脚手架时，应统一指挥，按顺序自上而下进行；严禁上下层同时拆除或自下而上进行。拆下的材料，禁止往下抛掷，应用绳索捆牢，用滑车、卷扬等方法慢慢放下来，集中堆放在指定地点。拆脚手架时，严禁采用将整个脚手架推倒的方法进行拆除。三级、特级及悬空高处作业使用的脚手架拆除时，必须事先制定安全可靠的措施才能进行拆除。拆除脚手架的区域内，无关人员禁止逗留和通过，在交通要道应设专人警戒。架子搭成后，未经有关人员同意，不得任意改变脚手架的结构和拆除部分杆子。

4.常用安全工具

安全帽、安全带、安全网等施工生产使用的安全防护用具，应符合国家规定的质量标准，具有厂家安全生产许可证、产品合格证和安全鉴定合格证书，否则不得采购、发放和使用。高处临空作业应按规定架设安全网，作业人员使用的安全带，应挂在牢固的物体上或可靠的安全绳上，安全带严禁低挂高用。挂安全带用的安全绳，不宜超过3 m。在有毒有害气体可能泄漏的作业场所，应配置必要的防毒护具，以备急用，并及时检查维修更换，保证其处在良好待用状态。电气操作人员应根据工作条件选用适当的安全电工用具和防护用品，电工用具应符合安全技术标准并定期检查，凡不符合技术标准要求的绝缘安全用具、登高作业安全工具、携带式电压和电流指示器，以及检修中的临时接地线等，均不得使用。

（二）安全控制要点

1.一般脚手架安全控制要点

（1）脚手架搭设前应根据工程的特点和施工工艺要求确定搭设（包括拆除）施工方案。

（2）脚手架必须设置纵、横向扫地杆。

（3）高度在24 m以下的单、双排脚手架均必须在外侧立面的两端各设置一道剪刀撑并应由底至顶连续设置中间各道剪刀撑。剪刀撑及横向斜撑搭设应随立杆、纵向和横向水平杆等同步搭设，各底层斜杆下端必须支承在垫块或垫板上。

（4）高度在24 m以下的单、双排脚手架宜采用刚性连墙件与建筑物可靠连接，亦可采用拉筋和顶撑配合使用的附墙连接方式，严禁使用仅有拉筋的柔性连墙件。24 m以上的双排脚手架必须采用刚性连墙件与建筑物可靠连接，连墙件必须采用可承受拉力和压力的构造。50 m以下（含50 m）脚手架连墙件，应按3步3跨进行布置，50 m以上的脚手架连墙件应按2步3跨进行布置。

2.一般脚手架检查与验收程序

脚手架的检查与验收应由项目经理组织项目施工、技术、安全，作业班组负责人等有关人员参加，按照技术规范、施工方案、技术交底等有关技术文件对脚手架进行分段验收，在确认符合要求后方可投入使用。

脚手架及其地基基础应在下列阶段进行检查和验收：

（1）基础完工后及脚手架搭设前。

（2）作业层上施加荷载前。

（3）每搭设完10 ~ 13 m高度后。

（4）达到设计高度后。

（5）遇有6级以上大风与大雨后。

（6）寒冷地区土层开冻后。

（7）停用超过一个月的，在重新投入使用之前。

3.附着式升降脚手架，整体提升脚手架或爬架作业安全控制要点

附着式升降脚手架（整体提升脚手架或爬架）作业要针对提升工艺和施工现场作业条件编制专项施工方案，专项施工方案包括设计、施工、检查、维护和管理等全部内容。

安装搭设必须严格按照设计要求和规定程序进行，安装后经验收并进行荷载试验，确认符合设计要求后，方可正式使用。

进行提升和下降作业时，架上人员和材料的数量不得超过设计规定并尽可能减少。

升降前必须仔细检查附着连接和提升设备的状态是否良好，发现异常应及时查找原因并采取措施解决。

升降作业应统一指挥、协调动作。

在安装、升降、拆除作业时，应划定安全警戒范围并安排专人进行监护。

4.洞口、临边防护控制

（1）洞口作业安全防护基本规定

①各种楼板与墙的洞口按其大小和性质应分别设置牢固的盖板、防护栏杆、

安全网或其他防坠落的防护设施。

②坑槽、桩孔的上口柱形、条形等基础的上口和天窗等处都要作为洞口采取符合规范的防护措施。

③楼梯口、楼梯口边应设置防护栏杆或者用正式工程的楼梯扶手代替临时防护栏杆。

④井口除设置固定的栅门外还应在电梯井内每隔2层不大于10 m处设一道安全平网进行防护。

⑤在建工程的地面入口处和施工现场人员流动密集的通道上方应设置防护棚，防止因落物产生物体打击事故。

⑥施工现场大的坑槽、陡坡等处除须设置防护设施与安全警示标牌外，夜间还应设红灯示警。

（2）洞口的防护设施要求

①楼板、屋面和平台等面上短边尺寸小于25 cm但大于2.5 cm的孔口必须用坚实的盖板盖严，盖板要有防止挪动移位的固定措施。

②楼板面等处边长为25 ~ 50 cm的洞口、安装预制构件时的洞口及因缺件临时形成的洞口可用竹、木等做盖板盖住洞口，盖板要保持四周搁置均衡并有固定其位置不发生挪动移位的措施。

③边长为50 ~ 150 cm的洞口必须设置一层以扣件连接钢管而成的网格栅，并在其上满铺竹篱笆或脚手板，也可采用贯穿于混凝土板内的钢筋构成防护网栅、钢盘网格，间距不得大于20 cm。

④边长在150 cm以上的洞口四周必须设防护栏杆，洞口下方设安全平网防护。

（3）施工用电安全控制

①施工现场临时用电设备在5台及以上或设备总容量在50kW及以上者应编制用电组织设计。临时用电设备在5台以下和设备总容量在50kW以下者应制定安全用电和电气防火措施。

②变压器中性点直接接地的低压电网临时用电工程必须采用TN-S接零保护系统。

③当施工现场与外线路共同同一供电系统时，电气设备的接地、接零保护应与原系统保持一致，不得一部分设备做保护接零，另一部分设备做保护接地。

④配电箱的设置。

第一，施工用电配电系统应设置总配电箱配电柜、分配电箱、开关箱，并按照"总—分—开"顺序做分级设置形成"三级配电"模式。

第二，施工用电配电系统各配电箱、开关箱的安装位置要合理。总配电箱配电柜要尽量靠近变压器或外电源处以便于电源的引入。分配电箱应尽量安装在用电设备或负荷相对集中区域的中心地带，确保三相负荷保持平衡。开关箱安装的位置应视现场情况和工况尽量靠近其控制的用电设备。

第三，为保证临时用电配电系统三相负荷平衡施工现场的动力用电和照明用电应形成两个用电回路，动力配电箱与照明配电箱应该分别设置。

第四，施工现场所有用电设备必须有各自专用的开关箱。

第五，各级配电的箱体和内部设置必须符合安全规定，开关电器应标明用途，箱体应统一编号。停止使用的配电箱应切断电源，箱门上锁。固定式配电箱应设围栏并有防雨防砸措施。

⑤电器装置的选择与装配。在开关箱中作为末级保护的漏电保护器，其额定漏电动作电流不应大于30 mA，额定漏电动作时间不应大于0.1 s，在潮湿、有腐蚀性介质的场所中，漏电保护器要选用防溅型的产品，其额定漏电动作电流不应大于15 mA，额定漏电动作时间不应大于0.1 s。

⑥施工现场照明用电。

第一，在坑、洞、井内作业，夜间施工或厂房、道路、仓库、办公室、食堂、宿舍、料具堆放场所及自然采光差的场所应设一般照明、局部照明或混合照明。一般场所宜选用额定电压220V的照明器。

第二，隧道、人防工程、高温、有导电灰尘、比较潮湿或灯具离地面高度低于2.5 m等场所的照明电源电压不得大于36V。

第三，潮湿和易触及带电体场所的照明电源电压不得大于24V。

第四，特别潮湿场所、导电良好的地面、锅炉或金属容器内的照明电源电压不得大于12V。

第五，照明变压器必须使用双绕组型安全隔离变压器，严禁使用自耦变压器。

第六，室外220V灯具距地面不得低于3 m，室内220V灯具距地面不得低于2.5 m。

（4）垂直运输机械安全控制

①外用电梯安全控制要点。

第一，外用电梯在安装和拆卸之前必须针对其类型特点说明书的技术要求，结合施工现场的实际情况制订详细的施工方案。

第二，外用电梯的安装和拆卸作业必须由取得相应资质的专业队伍进行安装完毕，经验收合格取得政府相关主管部门核发的准用证后方可投入使用。

第三，外用电梯在大雨、大雾和6级及以上大风天气时应停止使用。暴风雨过后应组织对电梯各有关安全装置进行一次全面检查。

②塔式起重机安全控制要点。

第一，塔吊在安装和拆卸之前必须针对类型特点说明书的技术要求结合作业条件制订详细的施工方案。

第二，塔吊的安装和拆卸作业必须由取得相应资质的专业队伍进行安装完毕，经验收合格取得政府相关主管部门核发的准用证后方可投入使用。

第三，遇6级及以上大风等恶劣天气应停止作业将吊钩升起。行走式塔吊要夹好轨钳。当风力达10级及以上时应在塔身结构上设置缆风绳或采取其他措施加以固定。

二、安全应急预案

应急预案，又称"应急计划"或"应急救援预案"，是针对可能发生的事故，为迅速、有序地开展应急行动、降低人员伤亡和经济损失而预先制订的有关计划或方案。它是在辨识和评估潜在重大危险、事故类型、发生的可能性、发生的过程、事故后果及影响严重程度的基础上，对应急机构职责、人员、技术、装备、设施、物资、救援行动及其指挥与协调方面预先做出的具体安排。应急预案明确了在事故发生前、事故过程中及事故发生后，谁负责做什么、何时做、怎么做，以及相应的策略和资源准备等。

（一）事故应急预案

为控制重大事故的发生，防止事故蔓延，有效地组织抢险和救援，政府和生产经营单位应对已初步认定的危险场所和部位进行风险分析。对认定的危险有害因素和重大危险源，应事先对事故后果进行模拟分析，预测重大事故发生后的状态、人员伤亡情况及设备破坏和损失程度，以及由于物料的泄漏可能引起的火灾、爆炸，有毒有害物质扩散对单位可能造成的影响。

依据预测，提前制订重大事故应急预案，组织、培训事故应急救援队伍，配备事故应急救援器材，以便在重大事故发生后，能及时按照预定方案进行救援，在最短时间内使事故得到有效控制。

1.编制事故应急预案主要目的有以下两个方面

（1）采取预防措施使事故控制在局部，消除蔓延条件，防止突发性重大或连锁事故发生。

（2）能在事故发生后迅速控制和处理事故，尽可能减轻事故对人员及财产的影响保障人员生命和财产安全。

2.事故应急预案的作用体现在以下几个方面

事故应急预案是事故应急救援体系的主要组成部分，是事故应急救援工作的核心内容之一，是及时、有序、有效地开展事故应急救援工作的重要保障。

（1）事故应急预案确定了事故应急救援的范围和体系，使事故应急救援不再无据可依、无章可循，尤其是通过培训和演练，可以使应急人员熟悉自己的任务，具备完成指定任务所需的相应能力，并检验预案和行动程序，评估应急人员的整体协调性。

（2）事故应急预案有利于做出及时的应急响应，降低事故后果。应急行动对时间要求十分敏感，不允许有任何拖延。事故应急预案预先明确了应急各方的职责和响应程序，在应急救援等方面进行了先期准备，可以指导事故应急救援迅速、高效、有序地开展，将事故造成的人员伤亡、财产损失和环境破坏降到最低限度。

（3）事故应急预案是各类突发事故的应急基础。通过编制事故应急预案，可以对那些事先无法预料到的突发事故起到基本的应急指导作用，成为开展事故应急救援的"底线"。在此基础上，可以针对特定事故类别编制专项事故应急预案，并有针对性地制定应急措施、进行专项应对准备和演习。

（4）事故应急预案建立了与上级单位和部门事故应急救援体系的衔接。通过编制事故应急预案可以确保当发生超过本级应急能力的重大事故时与有关应急机构的联系和协调。

（5）事故应急预案有利于提高风险防范意识。事故应急预案的编制、评审、发布、宣传、推演、教育和培训，有利于各方了解可能面临的重大事故及其相应的应急措施，有利于促进各方提高风险防范意识和能力。

（二）应急预案的编制

事故应急预案的编制过程可分为4个步骤。

1.成立事故预案编制小组

应急预案的成功编制需要有关职能部门和团体的积极参与，并达成一致意见，尤其是应寻求与危险直接相关的各方进行合作。成立事故应急预案编制小组是将各有关职能部门、各类专业技术有效结合起来的最佳方式，可有效地保证应急预案的准确性、完整性和实用性，而且为应急各方提供了一个非常重要的协作与交流机会，有利于统一应急各方的不同观点和意见。

2.危险分析和应急能力评估

为了准确策划事故应急预案的编制目标和内容，应开展危险分析和应急能力评估工作。为有效开展此项工作，预案编制小组首先应进行初步的资料收集，包括相关法律法规、应急预案、技术标准、国内外同行业事故案例分析、本单位技术资料、重大危险源等。

（1）危险分析

危险分析是应急预案编制的基础和关键过程。在危险因素辨识分析、评价及事故隐患排查、治理的基础上，确定本区域或本单位可能发生事故的危险源、事故的类型、影响范围和后果等，并指出事故可能产生的次生、衍生事故，形成分析报告，分析结果作为应急预案的编制依据。危险分析主要内容为危险源的分析和危险度评估。危险源的分析主要包括有毒、有害、易燃、易爆物质的企事业单位的名称、地点、种类、数量、分布、产量、储存、危险度、以往事故发生情况和发生事故的诱发因素等。事故源潜在危险度的评估就是在对危险源进行全面调查的基础上，对企业单位的事故潜在危险度进行全面的科学评估，为确定目标单位危险度的等级找出科学的数据依据。

（2）应急能力评估

应急能力评估就是依据危险分析的结果，对应急资源的准备状况充分性和从事应急救援活动所具备的能力评估，以明确应急救援的需求和不足，为事故应急预案的编制奠定基础。应急能力包括应急资源（应急人员、应急设施、装备和物资）、应急人员的技术、经验和接受的培训等，它将直接影响应急行动的快速、有效性。制订应急预案时应当在评估与潜在危险相适应的应急能力的基础上，选择最现实、最有效的应急策略。

3.编制应急预案

针对可能发生的事故，结合危险分析和应急能力评估结果等信息，按照应急预案的相关法律法规的要求编制应急救援预案。应急预案编制过程中，应注意编制人员的参与和培训，充分发挥他们各自的专业优势，使他们掌握危险分析和应急能力评估结果，明确应急预案的框架、应急过程行动重点及应急衔接、联系要点等。同时编制的应急预案应充分利用社会应急资源，考虑与政府应急预案、上级主管单位和相关部门的应急预案相衔接。

4.应急预案的评审和发布

（1）应急预案的评审

为使预案切实可行、科学合理，以及与实际情况相符，尤其是重点目标下的具体行动预案，编制前后需要组织有关部门、单位的专家、领导到现场进行实地勘察，如重点目标周围地形、环境、指挥所位置、分队行动路线、展开位置、人口疏散道路及流散地域等实地勘察、实地确定。经过实地勘察修改预案后，应急预案编制单位或管理部门还要依据我国有关应急的方针、政策、法律、法规、规章、标准和其他有关应急预案编制的指南性文件与评审检查表，组织有关部门、单位的领导和专家进行评议，取得政府有关部门和应急机构的认可。

（2）应急预案的发布

事故应急救援预案经评审通过后，应由最高行政负责人签署发布，并报送有关部门和应急机构备案。预案经批准发布后，应组织落实预案中的各项工作，如开展应急预案宣传、教育和培训，落实应急资源并定期检查，组织开展应急演习和训练，建立电子化的应急预案，对应急预案实施动态管理与更新，并不断完善。

（三）事故应急预案主要内容

一个完整的事故应急预案主要包括以下6个方面的内容：

1.事故应急预案概况

事故应急预案概况主要描述生产经营单位概总工及危险特性状况等，同时对紧急情况下事故应急救援紧急事件、适用范围提供简述并做必要说明，如明确应急方针与原则，作为开展应急的纲领。

2.预防程序

预防程序是对潜在事故、可能的次生与衍生事故进行分析，并说明所采取的预防和控制事故的措施。

3.准备程序

准备程序应说明应急行动前所需采取的准备工作，包括应急组织及其职责权限、应急队伍建设和人员培训、应急物资的准备、预案的演练、公众的应急知识培训、签订互助协议等。

4.应急程序

在事故应急救援过程中，存在一些必需的核心功能和任务，如接警与通知、指挥与控制、警报和紧急公告、通信、事态监测与评估、警戒与治安、人群疏散与安置、医疗与卫生、公共关系、应急人员安全、消防和抢险、泄漏物控制等，无论何种应急过程都必须围绕上述功能和任务开展。应急程序主要指实施上述核心功能和任务的步骤。

（1）接警与通知

准确了解事故的性质和规模等初始信息是决定启动事故应急救援的关键。接警作为应急响应的第一步，必须对接警要求做出明确规定，保证迅速、准确地向报警人员询问事故现场的重要信息。接警人员接受报警后，应按预先确定的通报程序，迅速向有关应急机构、政府及上级部门发出事故通知，以采取相应的行动。

（2）指挥与控制

建立统一的应急指挥、协调和决策程序，便于对事故进行初始评估，确认紧急状态，从而迅速有效地进行应急响应决策，建立现场工作区域，确定重点保护区域和应急行动的优先原则，指挥和协调现场各救援队伍开展救援行动，合理高效地调配和使用应急资源等。

（3）警报和紧急公告

当事故可能影响到周边地区，对周边地区的公众可能造成威胁时，应及时启动警报系统，向公众发出警报，同时通过各种途径向公众发出紧急公告，告知事故性质、对健康的影响、自我保护措施、注意事项等，以保证公众能够及时做出自我保护响应。决定实施疏散时，应通过紧急公告确保公众了解疏散的有关信息，如疏散时间、路线、随身携带物、交通工具及目的地等。

（4）通信

通信是应急指挥、协调和与外界联系的重要保障，在现场指挥部、应急中心、各事故应急救援组织、新闻媒体、医院、上级政府和外部救援机构之间，必须建立完善的应急通信网络，在事故应急救援过程中应始终保持通信网络畅通，并设立备用通信系统。

（5）事态监测与评估

在事故应急救援过程中必须对事故的发展势态及影响及时进行动态的监测，建立对事故现场及场外的监测和评估程序。事态监测在事故应急救援中起着非常重要的决策支持作用，其结果不仅是控制事故现场，制定消防、抢险措施的重要决策依据，也是划分现场工作区域、保障现场应急人员安全、实施公众保护措施的重要依据。即使在现场恢复阶段，也应当对现场和环境进行监测。

（6）警戒与治安

为保障现场事故应急救援工作的顺利开展，在事故现场周围建立警戒区域，实施交通管制，维护现场治安秩序是十分必要的，其目的是要防止与救援无关人员进入事故现场，保障救援队伍、物资运输和人群疏散等的交通畅通，并避免发生不必要的伤亡。

（7）人群疏散与安置

人群疏散是防止人员伤亡扩大的关键，也是最彻底的应急响应。应当对疏散的紧急情况和决策、预防性疏散准备、疏散区域、疏散距离、疏散路线、疏散运输工具、避难场所及回迁等做出细致的规定和准备，应考虑疏散人群的数量、所需要的时间、风向等环境变化及老弱病残等特殊人群的疏散等问题。对已实施临时疏散的人群，要做好临时生活安置，保障必要的水、电、卫生等基本条件。

（8）医疗与卫生

对受伤人员采取及时、有效的现场急救，合理转送医院进行治疗，是减少事故现场人员伤亡的关键。医疗人员必须了解城市主要的危险并经过培训，掌握对受伤人员进行正确消毒和治疗的方法。

（9）公共关系

事故发生后，不可避免地引起新闻媒体和公众的关注。应将有关事故的信息、影响、救援工作的进展等情况及时向媒体和公众公布，以消除公众的恐慌心理，避免公众的猜疑和不满。应保证事故和救援信息的统一发布，明确事故应急救援过程中对媒体和公众的发言人和信息批准、发布的程序，避免信息的不一致性。同时，还应处理好公众的有关咨询，接待和安抚受害者家属。

（10）应急人员安全

水利水电工程施工安全事故的应急救援工作危险性极大，必须对应急人员自身的安全问题进行周密的考虑，包括安全预防措施、个体防护设备、现场安全监测等，明确紧急撤离应急人员的条件和程序，保证应急人员免受事故的伤害。

（11）抢险与救援

抢险与救援是事故应急救援工作的核心内容之一，其目的是尽快地控制事故的发展，防止事故的蔓延和进一步扩大，从而最终控制住事故，并积极营救事故现场的受害人员。尤其是涉及危险物质的泄漏、火灾事故，其消防和抢险工作的难度和危险性巨大，应对消防和抢险的器材和物资、人员的培训、方法和策略，以及现场指挥等，做好周密的安排和准备。

（12）危险物质控

危险物质的泄漏或失控，将可能引发火灾、爆炸事故，对工人和设备等造成严重危险。而且，泄漏的危险物质及夹带了有毒物质的灭火用水，都可能对环境造成重大影响，同时也会给现场救援工作带来更大的危险。因此，必须对危险物质进行及时有效的控制，如对泄漏物的围堵、收容和洗消，并进行妥善处置。

5.恢复程序

恢复程序是说明事故现场应急行动结束后所需采取的清除和恢复行动。现场恢复是在事故被控制住后进行的短期恢复，从应急过程来说意味着事故应急救援工作的结束，并进入到另一个工作阶段，即将现场恢复到一个基本稳定的状态。经验教训表明，在现场恢复的过程中往往仍存在潜在的危险，如余烬复燃、受损建筑物倒塌等，所以，应充分考虑现场恢复过程中的危险，制定恢复程序，防止事故再次发生。

6.预案管理与评审改进

事故应急预案是事故应急救援工作的指导文件。应当对预案的制订、修改、更新、批准和发布做出明确的管理规定，保证定期或在应急演习、事故应急救援后对事故应急预案进行评审，针对各种变化的情况以及预案中所暴露出的缺陷，不断地完善事故应急预案体系。

（四）应急预案的内容

综合应急预案是应急预案体系的总纲，主要从总体上阐述事故的应急工作原则，包括应急组织机构及职责、应急预案体系、事故风险描述、预警及信息报告、应急响应、保障措施、应急预案管理等内容。

专项应急预案是为应对某一类型或某几种类型事故，或者针对重要生产设施、重大危险源、重大活动等内容而制定的应急预案。专项应急预案主要包括事故风险分析、应急指挥机构及职责、处置程序和措施等内容。

现场处置方案是根据不同事故类别，针对具体的场所、装置或设施所制定的应急处置措施，主要包括事故风险分析、应急工作职责、应急处置和注意事项等内容。水利水电工程建设参建各方应根据风险评估、岗位操作规程，以及危险性控制措施，组织本单位现场作业人员及相关专业人员共同编制现场处置方案。

应急预案应形成体系，针对各级各类可能发生的事故和所有危险源制定专项应急预案和现场处置方案，并明确事前、事发、事中、事后各个过程中相关单位、部门和有关人员的职责。水利水电工程建设项目应根据现场情况，详细分析现场具体风险（如某处易发生滑坡事故），编制现场处置方案，主要由施工企业编制，监理单位审核，项目法人备案；分析工程现场的风险类型（如人身伤亡），编写专项应急预案，由监理单位与项目法人起草，相关领导审核，向各施工企业发布；综合分析现场风险，应急行动、措施和保障等基本要求和程序，编写综合应急预案，由项目法人编写，项目法人领导审批，向监理单位、施工企业发布。

由于综合应急预案是综述性文件，因此需要要素全面，而专项应急预案和现场处置方案要素重点在于制定具体救援措施，因此对于单位概况等基本要素不做内容要求。

（五）应急预案管理

1.应急预案备案

中央管理的企业综合应急预案和专项应急预案，报国务院国有资产监督管理部门、国务院安全生产监督管理部门和国务院有关主管部门备案；其所属单位的应急预案分别抄送所在地的省、自治区、直辖市或者设区的市人民政府安全生产监督管理部门和有关主管部门备案。

受理备案登记的安全生产监督管理部门及有关主管部门应当对应急预案进行形式审查，经审查符合要求的，予以备案并出具应急预案备案登记表；不符合要求的，不予备案并说明理由。

2.应急预案宣传与培训

应急预案宣传和培训工作是保证预案贯彻实施的重要手段，是增强参建人员应急意识，提高事故防范能力的重要途径。

水利水电工程建设参建各方应采取不同方式开展安全生产应急管理知识和应急预案的宣传和培训工作。对本单位负责应急管理工作的人员及专职或兼职应急救援人员进行相应知识和专业技能培训，同时，加强对安全生产关键责任岗位员工的应急培训，使其掌握生产安全事故的紧急处置方法，增强自救互救和第一时间处置事故的能力。在此基础上，确保所有从业人员具备基本的应急技能，熟悉本单位应急预案，掌握本岗位事故防范与处置措施和应急处置程序，提高应急水平。

3.应急预案演练

应急预案演练是应急准备的一个重要环节。通过演练，可以检验应急预案的可行性和应急反应的准备情况；通过演练，可以发现应急预案存在的问题，完善应急工作机制，提高应急反应能力；通过演练，可以锻炼队伍，提高应急队伍的作战能力，熟悉操作技能；通过演练，可以教育参建人员，增强其危机意识，提高安全生产工作的自觉性。为此，预案管理和相关规章中都应有对应急预案演练的要求。

4.应急预案修订与更新

应急预案必须与工程规模、机构设置、人员安排、危险等级、管理效率及应急资源等状况相一致。随着时间推移，应急预案中包含的信息可能会发生变化。因此，为了不断完善和改进应急预案并保持预案的时效性，水利水电工程建设参建各方应根据本单位实际情况，及时更新和修订应急预案。

应急预案修订前，应组织对应急预案进行评估，以确定是否需要进行修订及哪些内容需要修订。通过对应急预案更新与修订，可以保证应急预案的持续适应性。同时，更新的应急预案内容应通过有关负责人认可，并及时通告相关单位、部门和人员；修订的预案版本应经过相应的审批程序，并及时发布和备案。

第三节　安全健康管理体系与安全事故处理

一、安全健康管理体系认证

职业健康安全管理的目标使企业的职业伤害事故、职业病持续减少。实现这一目标的重要组织保证体系，是企业建立持续有效并不断改进的职业健康安全管理体系（Occupational Safety and Health Management Systems，简称OSHMS）。

（一）管理体系认证程序

建筑企业可参考如下步骤来制订建立与实施职业安全健康管理体系的推进计划：

1.学习与培训

职业安全健康管理体系的建立和完善的过程，是始于教育、终于教育的过程，也是提高认识和统一认识的过程。教育培训要分层次、循序渐进地进行，需要企业所有人员的参与和支持。在全员培训基础上，要有针对性地抓好管理层和内审员的培训。

2.初始评审

初始评审的目的是为职业安全健康管理体系建立和实施提供基础，为职业安全健康管理体系的持续改进建立绩效基准。

初始评审主要包括以下内容：

（1）收集相关的职业安全健康法律、法规和其他要求，对其适用性及须遵守的内容进行确认，并对遵守情况进行调查和评价；

（2）对现有的或计划的建筑施工相关活动进行危害辨识和风险评价；

（3）确定现有措施或计划采取的措施是否能够消除危害或控制风险；

（4）对所有现行职业安全健康管理的规定、过程和程序等进行检查，并评价其对管理体系要求的有效性和适用性；

（5）分析以往建筑安全事故情况及员工健康监护数据等相关资料，包括人员伤亡、职业病、财产损失的统计、防护记录和趋势分析；

（6）对现行组织机构、资源配备和职责分工等进行评价。

初始评审的结果应形成文件，并作为建立职业安全健康管理体系的基础。

3.体系策划

根据初始评审的结果和本企业的资源，进行职业安全健康管理体系的策划。策划工作主要包括：

（1）确立职业安全健康方针；

（2）制定职业安全健康体系目标及其管理方案；

（3）结合职业安全健康管理体系要求进行职能分配和机构职责分工；

（4）确定职业安全健康管理体系文件结构和各层次文件清单；

（5）为建立和实施职业安全健康管理体系准备必要的资源；

（6）文件编写。

4.体系试运行

各个部门和所有人员都按照职业安全健康管理体系的要求开展相应的安全健康管理和建筑施工活动，对职业安全健康管理体系进行试运行，以检验体系策划与文件化规定的充分性、有效性和适宜性。

5.评审完善

通过职业安全健康管理体系的试运行，特别是依据绩效监测和测量、审核及管理评审的结果，检查与确认职业安全健康管理体系各要素是否按照计划安排有效运行，是否达到了预期的目标，并采取相应的改进措施，使所建立的职业安全健康管理体系得到进一步的完善。

（二）管理体系认证的重点

1.建立健全组织体系

建筑企业的最高管理者应对保护企业员工的安全与健康负全面责任，并应在企业内设立各级职业安全健康管理的领导岗位，针对那些对其施工活动、设施（设备）和管理过程的职业安全健康风险有一定影响的从事管理、执行和监督的各级管理人员规定其作用、职责和权限，以确保职业安全健康管理体系的有效建立、实施与运行并实现职业安全健康目标。

2.全员参与及培训

建筑企业为了有效地开展体系的策划、实施、检查与改进工作，必须基于相应的培训来确保所有相关人员均具备必要的职业安全健康知识，熟悉有关安全生产规章制度和安全操作规程，正确使用和维护安全和职业病防护设备及个体防护用品，具备本岗位的安全健康操作技能，及时发现和报告事故隐患或者其他安全健康危险因素。

3.协商与交流

建筑企业应通过建立有效的协商与交流机制，确保员工及其代表在职业安全健康方面的权利，并鼓励他们参与职业安全健康活动，促进各职能部门之间的职业安全健康信息交流和及时接收处理相关方关于职业安全健康方面的意见和建议，为实现建筑企业职业安全健康方针和目标提供支持。

4.应急预案与响应

建筑企业应依据危害体系文件的层次关系识、风险评价和风险控制的结果、法律法规等的要求，以往事故、事件和紧急状况的经历及应急响应演练及改进措施效果的评审结果，针对施工安全事故、火灾、安全控制设备失灵、特殊气候、突然停电等潜在事故或紧急情况从预案与响应的角度建立并保持应急计划。

5.评价

评价的目的是要求建筑企业定期或及时地发现其职业安全健康管理体系的运行过程或体系自身所在的问题，并确定出问题产生的根源或需要持续改进的地方。体系评价主要包括绩效测量与监测、事故和事件及不符合的调查、审核、管理评审。

6.改进措施

改进措施的目的是要求建筑企业针对组织职业安全健康管理体系绩效测量与监测、事故和事件，以及不符合的调查、审核及管理评审活动所提出的纠正与预防措施的要求，制订具体的实施方案并予以保持，确保体系的自我完善功能，并依据管理评审等评价的结果，不断寻求方法持续改进建筑企业自身职业安全健康管理体系及其职业安全健康绩效，从而不断消除、降低或控制各类职业安全健康危害和风险。职业安全健康管理体系的改进措施主要包括纠正与预防措施和持续改进两个方面。

二、安全事故处理

水利工程施工安全是指在施工过程中，工程组织方应该采取必要的安全措施和手段来保证施工人员的生命和健康安全，降低安全事故的发生概率。

（一）概述

1.概念

工伤事故就是企业员工在为公司或工厂进行施工建设中因为某种原因造成的工伤亡事故。从目前的情况来看，除了施工单位的员工以外，工伤事故的发生群体还包括民工、临时工和参加生产劳动的学生、教师、干部等。

2.伤亡事故的分类

一般来说，伤亡事故的分类都是根据受伤害者受到的伤害程度进行划分的。

（1）轻伤

轻伤是职工受到伤害程度最低的一种工伤事故，按照相关法律的规定，员工如果受到轻伤而造成歇工一天或一天以上就应视为轻伤事故处理。

（2）重伤事故

重伤的情况分为很多种，一般来说凡是有下列情况之一者，都属于重伤，做重伤事故处理：①经医生诊断成为残废或可能成为残废的；②伤势严重，需要进行较大手术才能挽救的；③人体要害部位严重灼伤、烫伤或非要害部位，但灼伤、烫伤占全身面积1/3以上的，严重骨折、严重脑震荡等；④眼部受伤较重，对视力产生影响，甚至有失明可能的；⑤手部伤害，大拇指轧断一节的，食指、中指、无名指任何一只轧断两节或任何两只轧断一节的局部肌肉受伤严重，引起肌肉功能障碍，有不能自由伸屈的残废可能的；⑥脚部伤害。一只脚脚趾轧断三只以上的，局部肌肉受伤甚剧，有不能行走自如的残废的可能的；⑦内部伤害，内脏损伤、内出血或伤及腹膜等；⑧其他部位伤害严重的，不在上述各点内，经医师诊断后，认为受伤较重，根据实际情况由当地劳动部门审查认定。

（3）多人事故

在施工过程中如果出现多人（3人或3人以上）受伤的情况，那么应认定为多人工伤事故处理。

（4）急性中毒

急性中毒是指由于食物、饮水、接触物等原因造成的员工中毒。急性中毒会对受害者的机体造成严重的伤害，一般作为工伤事故处理。

（5）重大伤亡事故

重大伤亡事故是指在施工过程中，造成一次死亡1～2人的事故，应做重大伤亡处理。

（6）多人重大伤亡事故

多人重大伤亡事故是指在施工过程中，造成一次死亡3人或3人以上10人以下的重大工伤事故。

（7）特大伤亡事故

特大伤亡事故是指在施工过程中，造成一次死亡10人或10人以上的伤亡事故。

（二）事故处理程序

一般来说如果在施工过程中发生重大伤亡事故，企业负责人员应在第一时间组织伤员的抢救，并及时将事故情况报告给各有关部门，具体来说主要分为以下三个主要步骤：

1.迅速抢救伤员、保护好事故现场

在工伤事故发生之后，施工单位的负责人应迅速组织人员对伤员展开抢救，并拨打120急救热线；另外，还要保护好事故现场，帮助劳动责任认定部门进行劳动责任认定。

2.组织调查组

轻伤、重伤事故由企业负责人或其指定人员组织生产、技术、安全等部门及工会组成事故调查组进行调查；伤亡事故由企业主管部门会同同级行政安全管理部门、公安部门、监察部门、工会组成事故调查组进行调查。死亡和重大死亡事故调查组应邀请人民检察院参加，还可邀请有关专业技术人员参加，与发生事故有直接利害关系的人员不得参加调查组。

3.现场勘察

（1）做出笔录

通常情况下，笔录的内容包括事发时间、地点及气象条件等；现场勘察人员的姓名、单位、职务；现场勘察起止时间、勘察过程；能量逸散所造成的破坏情况、状态、程度；设施设备损坏情况及事故发生前后的位置；事故发生前的劳动组合，现场人员的具体位置和行动；重要物证的特征、位置及检验情况等。

（2）实物拍照

包括方位拍照，反映事故现场周围环境中的位置；全面拍照，反映事故现场各部位之间的联系；中心拍照，反映事故现场中心情况；细目拍照，提示事故直接原因的痕迹物、致害物；人体拍照，反映伤亡者主要受伤和造成伤害的部位。

（3）现场绘图

根据事故的类别和规模及调查工作的需要应绘制：建筑物平面图、剖面图；事故发生时人员位置及疏散图；破坏物立体图或展开图；涉及范围图；设备或工、器具构造图等。

（4）分析事故原因、确定事故性质

分析的步骤和要求是：①通过详细的调查、查明事故发生的经过；②整理和仔细阅读调查资料，对受伤部位、受伤性质、起因物、致害物、伤害方法、不安全行为和不安全状态七项内容进行分析；③根据调查所确认的事实，从直接原因入手，逐渐深入到间接原因，通过对原因的分析、确定出事故的直接责任者和领导责任者，根据在事故发生中的作用，找出主要责任者；④确定事故的性质，如责任事故、非责任事故或破坏性事故。

（5）写出事故调查报告

事故调查组应着重把事故发生的经过、原因、责任分析和处理意见及本次事故的教训和改进工作的建议等写成报告，以调查组全体人员签字后报批。如内部意见不统一，应进一步弄清事实，对照政策法规反复研究，统一认识。对于个别同志仍持有不同意见的，可在签字时写明自己的意见。

（6）事故的审理和结案

住房和城乡建设部对事故的审批和结案有以下几点要求：①事故调查处理结论，应经有关机关审批后，方可结案，伤亡事故处理工作应当在90日内结案，特殊情况不得超过180日；②事故案件的审批权限，同企业的隶属关系及人事管理权限一致；③对事故责任人的处理，应根据其情节轻重和损失大小，谁有责任，是主要责任、其次责任、重要责任、一般责任，还是领导责任等，按规定给予处分；④要把事故调查处理的文件、图纸、照片、资料等记录长期完整地保存起来。

参考文献

[1]侯亚洲，崔景涛，苏海玲.水利水电工程建设与堤坝管理[M].沈阳：辽宁科学技术出版社，2024.

[2]佟欣，李东艳，佟颖.水利水电工程基础[M].北京：北京理工大学出版社，2023.

[3]姜靖，于峰，吴振海.现代水利水电工程建设与管理[M].北京：现代出版社，2023.

[4]徐明毅，陈敏林.水利水电工程CAD技术[M].北京：中国水利水电出版社，2023.

[5]孙海兵.水利水电工程造价基础[M].北京：中国建筑工业出版社，2023.

[6]方国华，黄显峰，金光球.水利水电系统规划与优化调度[M].北京：中国水利水电出版社，2023.

[7]陈凤振，刘德荣，朱明磊.水利水电工程机械安全技术研究[M].长春：吉林科学技术出版社，2023.

[8]杨林林，叶春雨.水利水电工程专业基础与实务[M].长春：吉林科学技术出版社，2023.

[9]魏树生.水利水电工程建设管理创新研究[M].北京：原子能出版社，2023.

[10]杨晓东，赵明华.2023水利水电地基与基础工程技术创新与发展[M].北京：中国水利水电出版社，2023.

[11]陈忠，董国明，朱晓啸.水利水电施工建设与项目管理[M].长春：吉林科学技术出版社，2022.

[12]沈英朋，杨喜顺，孙燕飞.水文与水利水电工程的规划研究[M].长春：吉林科学技术出版社，2022.

[13]崔永，于峰，张韶辉.水利水电工程建设施工安全生产管理研究[M].长春：吉林科学技术出版社，2022.

[14]罗晓锐，李时鸿，李友明.水利水电工程施工新技术应用研究[M].长春：吉林科学技术出版社，2022.

[15]邓艳华.水利水电工程建设与管理[M].沈阳：辽宁科学技术出版社，2022.

[16]吴新霞.水利水电工程爆破手册[M].北京：中国水利水电出版社，2022.

[17]李俊峰.水利水电工程设计与管理研究[M].北京：中国纺织出版社，2022.

[18]张敬东，宋剑鹏，于为.水利水电工程施工地质实用手册[M].武汉：中国地质大学出版社，2022.

[19]樊忠成，李国宁.水利水电工程BIM数字化应用[M].北京：中国水利水电出版社，2022.

[20]畅瑞锋.水利水电工程水闸施工技术控制措施及实践[M].郑州：黄河水利出版社，2022.

[21]刘伟，武孟元，孙彦雷.水利水电工程施工技术交底记录[M].北京：中国水利水电出版社，2022.

[22]王增平.水利水电设计与实践研究[M].北京：北京工业大学出版社，2021.

[23]李登峰，李尚迪，张中印.水利水电施工与水资源利用[M].长春：吉林科学技术出版社，2021.

[24]王玉梅.水利水电工程管理与电气自动化研究[M].长春：吉林科学技术出版社，2021.

[25]从容，隋军，赵丙伟.水利水电工程施工建设与项目管理[M].长春：吉林科学技术出版社，2021.

[26]马小斌，刘芳芳，郑艳军.水利水电工程与水文水资源开发利用研究[M].北京：中国华侨出版社，2021.

[27]张兵，史洪飞，吴祥朗.水利水电工程勘测设计施工管理与水文环境[M].北京：北京工业大学出版社，2020.

[28]潘永胆，汤能见，杨艳.水利水电工程导论[M].北京：中国水利水电出版社，2020.

[29] 唐涛. 水利水电工程 [M]. 北京：中国建材工业出版社，2020.

[30] 张逸仙，杨正春，李良琦. 水利水电测绘与工程管理 [M]. 北京：兵器工业出版社，2020.

[31] 杨连生. 水利水电工程地质 [M]. 武汉：武汉大学出版社，2020.

[32] 赵显忠，常金志，刘和林. 水利水电工程施工技术全书 [M]. 北京：中国水利水电出版社，2020.

[33] 吕海涛，李大印，吕如瑾. 水利水电工程专业教学变化的透视 [M]. 北京：科学出版社，2020.